JEWELRY GOUACHE

# 珠宝设计
## 手绘表现技法专业教程

张莹 著

◆ 第2版 ◆

人民邮电出版社
北京

**图书在版编目（CIP）数据**

珠宝设计手绘表现技法专业教程 / 张莹著. -- 2版
. -- 北京 ：人民邮电出版社，2022.5
ISBN 978-7-115-58122-8

Ⅰ．①珠… Ⅱ．①张… Ⅲ．①宝石－设计－绘画技法
－教材 Ⅳ．①TS934.3

中国版本图书馆CIP数据核字(2021)第248433号

# 内 容 提 要

本书系统讲解法国珠宝设计学校的传统手绘技法，结合作者在珠宝设计行业 10 余年的经验，用容易
理解的方式来阐述珠宝手绘的方法与技巧，以及珠宝手绘与珠宝设计、珠宝制作工艺之间的关系。

全书遵从法国传统珠宝手绘课程的学习体系来安排结构和内容，对基础的透视关系和光影变化，常
见贵金属的画法，以及经典的素面宝石和刻面宝石的画法进行了详细的步骤讲解，并配有清晰的绘画过
程效果图。最后，将所学的金属和宝石相结合，示范了经典的项链、戒指和耳环的画法。

随书附赠 33 张高级珠宝线稿图的下载文件，供读者做手绘练习。本书适合作为珠宝设计专业的学生、
珠宝设计师和珠宝设计爱好者的自学参考书，也适合作为大专院校相关专业和培训班的教材。

♦ 著　　　　张 莹
　　责任编辑　杨 璐
　　责任印制　马振武
♦ 人民邮电出版社出版发行　　北京市丰台区成寿寺路 11 号
　　邮编　100164　　电子邮件　315@ptpress.com.cn
　　网址　https://www.ptpress.com.cn
　　北京印匠彩色印刷有限公司印刷
♦ 开本：787×1092　1/16
　　印张：14　　　　　　　　　2022 年 5 月第 2 版
　　字数：482 千字　　　　　　2022 年 5 月北京第 1 次印刷

定价：99.00 元

读者服务热线：(010)81055410　 印装质量热线：(010)81055316
反盗版热线：(010)81055315
广告经营许可证：京东市监广登字 20170147 号

珠宝设计手绘（以下简称"珠宝手绘"）不仅仅是一项职业技能，更是品牌文化的一部分，这是我在2011年到巴黎求学之后领悟到的。

很多欧洲国家，尤其是法国，都将珠宝手绘效果图视为高级珠宝设计中最高级的部分之一。手绘不仅考验了设计师的笔上功夫，更是品牌设计语言的表达。这是对设计本身的尊重，也是对客户应有的专业态度。

## ▶ 缘起

当我在巴黎学习法国传统珠宝手绘的时候，我有种打开另外一扇大门的感觉，那些我曾临摹过的国外珠宝设计手稿原来是这样画出来的。也是从那时起，我下定决心一定要把这门课程带回中国。

法国是奢侈品大国，拥有众多珠宝品牌，包括全世界最古老的珠宝品牌Mellerio dits Meller。法国不仅仅是高级珠宝定制游戏规则的制定者，也是高级珠宝手绘规则的制定者。所以我将法国古老的珠宝专业学校的传统珠宝画法通过本书分享给大家，在讲解上结合了我在珠宝设计行业的10余年经验，用更容易理解的方式来呈现。

## ▶ 内容详情及修订说明

本书完全遵从法国传统珠宝手绘课程的学习体系来编排结构和内容，从基础的透视关系和光影变化，到常见贵金属的画法，再到经典的素面宝石和刻面宝石的画法，都进行了详细的步骤讲解，并配有清晰的绘画过程效果图。最后，结合金属和宝石，示范了经典的项链、戒指和耳环的画法。建议读者按照本书的顺序进行系统学习。

写本书第1版的过程是漫长的，我用了整整一年的时间，把入行后的所学毫无保留地分享出来。在本次修订中，我根据读者的反馈和自己在专业上进一步研究的成果，纠正了书中的一些差错，弥补了一些疏漏，重新绘制了40多个案例（全书共121个案例），并更新了大部分作品赏析图和临摹简图，力求精益求精，与时俱进。

## ▶ 学习资源及获取方法

本书还为大家准备了33张高级珠宝临摹线稿图，扫描右侧或封底的二维码即可获得资源下载方式。如果大家在阅读或使用过程中遇到任何与本书相关的技术问题或需要帮助，请发邮件至szys@ptpress.com.cn。

资源下载二维码

十分感谢人民邮电出版社，也感谢一直在背后支持和鼓励我的朋友和家人。希望每一位设计师或把做好珠宝设计作为终身追求的朋友都能在本书中体会到珠宝手绘的细腻，并学有所成。

张莹

2021年10月

# 目 录

# 珠宝手绘标准三视图详解 / 041

# 贵金属手绘彩色效果图详解 / 056

# 第5章 全面认识宝石及其工艺 / 105

# 第 **6** 章 宝石手绘彩色效果图详解 / 118

# 第 **7** 章 珠宝设计手绘图实例详解与赏析 / 177

高级珠宝临摹简图＋课后练习参考答案见随书资源

第 **1** 章

# 走进珠宝设计手绘

# 珠宝设计手绘简介

　　珠宝设计手绘是一门绘画艺术，不是简单的黑白铅笔草图或是彩笔的快速上色，而是用彩色颜料绘制出的精美效果图，通常用于高级珠宝的展示，是工坊制作的指示标准，是珠宝品牌文化的一部分。

　　在工业化的今天，手工制作和手绘艺术仍然被推崇，甚至作为奢侈品的标准，足以证明珠宝手绘在艺术界的地位。珠宝设计手绘图一直被各大历史悠久的珠宝品牌所延承，形成一种严谨和奢侈的品牌文化象征。

　　珠宝手绘设计图需要长时间的精描细勾，通常一幅高级珠宝作品的绘制需要十几个小时甚至更长的时间来完成，所以需要绘画者有足够的耐心和对珠宝手绘的热情。珠宝手绘本身就是一门艺术，在很多国家，珠宝手绘画师通常单独作为一种职业艺人为多家高级珠宝品牌服务。

# 如何学习珠宝设计手绘效果图

　　我们可以通过各种信息途径去欣赏国内外优秀珠宝品牌和珠宝手绘艺术家的作品，通过观察和临摹可以学习更多的绘画技巧，当自己的绘画水平得到提高后，可以开始创作自己独有的设计作品。

　　收集高级珠宝手绘作品的同时，也可以到各大珠宝品牌官网或时尚杂志官网去收集一些高级珠宝的实物图片，对实物进行临摹，临摹的过程会丰富你的绘画技巧。真实的照片往往能让人更加直观和清晰地看到材质的光线变化及宝石镶嵌的细节等，然后我们结合珠宝手绘的绘画技巧，把这件高级珠宝完整地画出来。

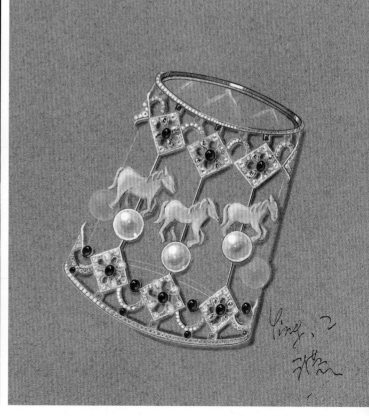

# 珠宝手绘工具介绍

　　珠宝手绘所需工具不是很复杂，但是工具的选择十分重要，好的工具会锦上添花。最常用的工具和使用方法在本节会做详细的介绍。

## 铅笔

　　铅笔是我们开始学习绘画时最早接触的绘图工具之一，传统石墨笔芯的软硬程度有不同的等级，H（H~6H）级到B（B~8B）级，笔芯越软，越容易上色，在珠宝手绘领域常用的是B~2B。H级的铅笔过硬，擦除这种硬度的铅笔所画的内容后，会在纸张上留下痕迹。

　　自动铅笔在珠宝手绘中更为常用。自动铅笔画出的线条更加精密，同时也可以根据不同笔芯的选择而呈现不同的效果，笔芯的粗细范围为0.3mm~0.9mm，有足够的选择空间。

　　珠宝手绘图大多数都是1:1的比例设计图，所以通常会选择0.3mm、0.35mm和0.5mm的自动铅笔，以便准确呈现珠宝细节。

## 橡皮

　　珠宝手绘中，橡皮的选择也是有技巧的。传统橡皮的体积较大，使用一段时间后，橡皮的棱角会被磨圆，而珠宝设计图较细小，用这样的橡皮很容易把想保留的线条擦掉。所以我们还需要准备两支橡皮笔。橡皮笔的粗细有多种选择，橡皮笔的笔芯可以替换，十分方便。用较细的橡皮笔擦细小的线条，比如宝石的切割线；用较粗的橡皮笔擦较粗的线条；用整块橡皮擦大面积的错误线条。

## 彩色铅笔

　　彩色铅笔分为水溶性彩色铅笔和油性彩色铅笔。在传统的珠宝手绘领域，彩铅用得不是很多，如果有人偏爱它，可选择水溶性彩铅，在某些彩色宝石的绘画过程中使用。如果没有水彩绘画基础，不建议使用。如果对水溶性彩铅的用法把握得好，就可以代替颜料直接进行绘图。

　　彩色铅笔的另外一个用途是三视图。很多三视图的线条过于复杂，因此同一个物体的不同视角可选用不同颜色的彩色铅笔进行标注，这样不管是绘图者还是看图者都能一目了然。

# 丁字尺和三角板

丁字尺和三角板经常会放在一起使用。在珠宝设计领域，我们常用丁字尺、等腰直角三角板和特殊角的直角三角板这三件套来画珠宝的三视图。

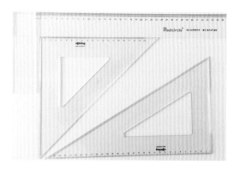

两个三角板的角度属性配合丁字尺的丁字固定角度，会让三视图更加精准，绘制过程也更轻松。

丁字尺和三角板的使用方法如下。

❶ 把画纸用胶带固定在方形画板上，注意画纸与画板的边要平行。

❷ 丁字尺主要用于画水平线和做三角板移动的导边。使用时，尺头紧靠画板的左侧边，如有需要也可紧靠画板的上侧边等。画水平线时铅笔沿尺身的工作边自左向右移动。

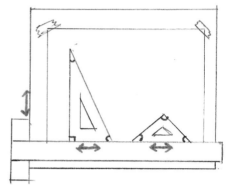

两块三角板分别有45°、30°、60°和90° 4个角度。三角板与丁字尺配合使用，可以绘制垂直线、与水平线成15°倍角的倾斜线，以及它们的平行线。两块三角板配合使用，可绘制其他角度的垂直线和平行线。

丁字尺和三角板的用途非常广，比如可以用它们来画一个正六边形。

先画一个圆形和通过其圆心的十字交叉辅助线，通过已知的圆的半径和三角板的角度，来求一个正六边形，具体画法如下图。

# 模板尺

模板尺是珠宝设计手绘中的常用工具，模板尺可以帮助我们在绘制复杂图形时节省很多时间。如果能正确有效地使用珠宝模板尺，一定会事半功倍。

常用的珠宝模板尺包括圆形模板尺、不同角度的椭圆形模板尺、各种刻面宝石的模板尺。还有一些比较特殊的模板尺也会在绘画高级珠宝的时候用到，比如椭圆曲线模板尺，我们在画夸张的手镯和项链的弧度时都会用到。

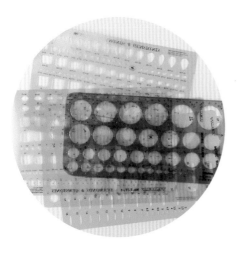

刻面宝石模板尺　　　　　　圆形模板尺

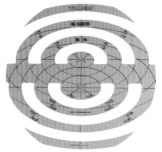

椭圆形模板尺

椭圆曲线模板尺

# 圆规

众所周知，圆规是用来绘制圆和圆弧的工具，在珠宝手绘领域也会用到，比如绘制大的平铺项链时，一定会用上圆规。

同时，很多有规律的几何形状或无规律的曲线也都可以用圆规来画。

### 画垂直线

用圆规来画一条垂直线的方法如下。

❶ 先以A点为圆心画一个圆形，然后取它的水平线。

❷ 以C点为圆心用圆规随意取一角度画圆弧，保持圆规角度不变，以B点为圆心画圆弧，过两弧的交点D和E画直线，就可以得到这条垂直于水平线的垂直线。

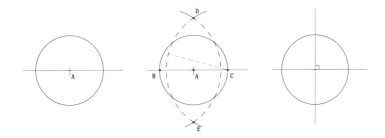

### 画等边五边形

用圆规来画一个等边五边形的方法如下。

❶ 用刚学到的方法，以O为圆心画一个圆形，并通过其中点的十字交叉辅助线分别得到圆与十字交叉线上的A、B、C、D这4个点。

❷ 用直尺得到OB的中点E。

❸ 以E为圆心，以EC为半径画圆，得到这个圆和AO的交叉点F。

❹ 以C为圆心，以CF为半径画圆，在大圆上得到交叉点G。

❺ 以CG作为平均分割圆周长的曲线，逐一在圆周上画弧线，得到5个平均点。

把5个点用直线连接起来就得到一个等边五边形。

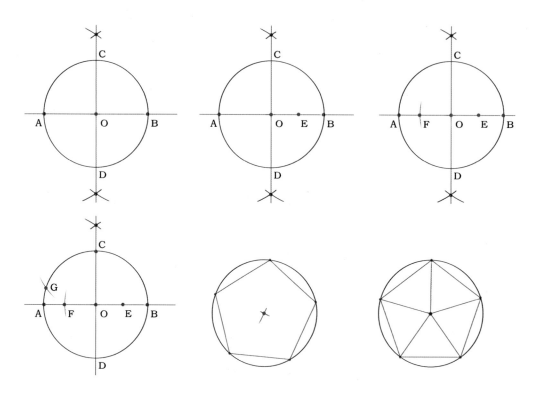

## 画等边六边形

用圆规画一个等边六边形的方法相对于画等边五边形简单很多。

以A点为圆心画一个圆形。画过圆心的垂直辅助线，然后分别以交点B点和C点为圆心，以圆形的半径为半径画弧形，两个弧形与圆形相交的点分别是D、E、F、G，将圆上的6个点用直线连接起来就可以得到一个等边六边形了。

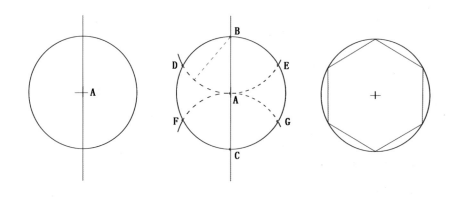

## 画等边七边形

❶ 画一个圆形，并画出它的十字交叉线。以圆形的直径为半径以 B 点为圆心，在水平辅助线上画弧，得到交点 O。

❷ 把圆形的直径 AB 平均分成 7 份，并画出各个点。用直线分别连接 2O 和 6O 并穿过圆形，得到两个交点 C 和 D。

❸ 以 C 点为圆心，并以 AC 长度为半径，用圆规画弧得到 E 点。用同样的方法在圆形的另外一侧得到另外 3 个点，最后用直线把这些点连接起来得到等边七边形。

## 画椭圆形

　　下面来看怎样用圆规画一个椭圆形。

❶ 画一个长方形，长方形的两条对角线相交的点为长方形的中心，通过中心点画垂直线和水平线，即得到米字辅助线。以 A 点为圆心、AB 为半径画一个半圆，与垂直线相交，得到 C 点。

❷ 以 D 点为圆心、CD 为半径画圆，并连接 BD，得到交点 E。画一条垂直于 BE 的直线，得到相交点 F。以 F 点为圆心、BF 为半径画圆，该圆形与 BE 的垂线相交于 G 点。

❸ 以 A 点为中心，用圆规画出 F 点的对称点 $F_1$。以 $F_1$ 为圆心、BF 为半径画圆。画出与 GF 对称的直线 $G_1F_1$，并与 GF 相交得到 H 点。以 H 点为圆心、HB 为半径画 G 到 $G_1$ 之间的弧线。用圆规在垂直线上得到 H 的对称点 $H_1$，然后画出与 G 到 $G_1$ 之间的弧线对称的另外一条弧线。这样，我们就靠圆规画出了一个标准的椭圆形。

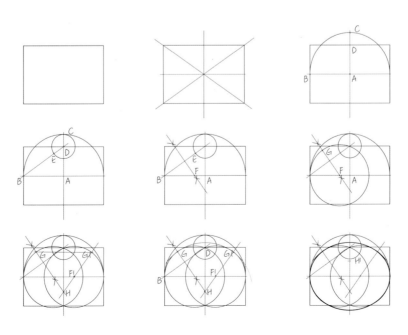

## 针管笔

针管笔分为一次性针管笔和可重复灌墨式针管笔。

针管笔在珠宝手绘中用于描边和勾线。针管笔的规格为0.1mm~1.0mm，可根据绘图需要进行选择。

目前可重复灌墨式针管笔的颜色有黑色、白色、蓝色、绿色和红色等，在珠宝手绘中常用的是黑色和白色。

使用针管笔前，将笔尖在废纸上轻轻蹭一下，把笔尖上的积墨蹭掉。画的时候尽量使笔尖垂直于画面，匀速行笔，并稍加转动。在遇到墨水不下水的情况时，可以轻轻上下晃动笔，将笔尖中的干墨甩掉，这样就畅通了。

针管笔使用起来不好把握，需要使用者有一定的绘图经验和针管笔使用经验，所以需要反复练习和磨合。

灌墨式针管笔在一段时间不用的情况下，极容易堵塞，可用针管笔专用清洗液清洗。如果没有清洗液，就需要把针管笔拆分，然后长时间浸在水里，最后将水龙头开大，利用水流强劲的压力来冲洗笔芯。

## 高光笔

高光笔是在创作中提高画面局部亮度的工具，在描绘金属的高光、宝石的高光时会用到，可使光线看起来更加真实、生动，起着画龙点睛的作用。

在珠宝手绘图中，也可用白色颜料来代替高光笔。

## 水彩笔

水彩笔按笔毛的形状可以分为圆头、尖头和扁头。按笔毛的材质，水彩笔有尼龙、人造毛和动物毛。在珠宝手绘中，我们选择貂毛尖头的水彩笔。笔号不宜过小或过大，即便是勾很细的线条，也尽量不用小号极细的水彩笔。

貂毛的水彩笔笔毛的保持力较高，弹性好。笔毛的长度应适中，不宜过短，这样笔的吸水量佳，能均匀吸附大量颜料，使色彩饱和、鲜艳。

水彩笔每次使用完，需要清洗干净并风干，以延长水彩笔的使用寿命。如果水彩笔的笔毛受损，就不要勉强继续使用，否则会影响画面效果。

# 颜料

珠宝手绘中的颜料可选用水彩颜料或者水粉颜料两种。

水彩颜料的色彩十分鲜活，透明度高，容易体现层叠效果。用它绘画，设计图色彩的流动性和随机性，以及肌理的表现都是独一无二的，风格极强。画水彩需要一定的绘画基础，对水彩的水性要有把握能力，水分在画面中的流动和蒸发、时间的把握、空气的干湿程度及画纸的属性都决定了画面的效果。

水彩的覆盖力较低，绘画需要一气呵成。改动的次数越多，画面会越脏。

水粉颜料仍然以水作为媒介，用法与水彩十分相似。水粉在画面上没有水彩的透明度强，但有一定的覆盖力。水粉可以通过颜料的叠加来表现画面，所以我们可以对画面进行反复修改。每次挤出的颜料不宜过多，以保持颜料的新鲜。

# 调色盘及涮笔桶

调色盘选用树脂材质，并且有大面积可以调和颜色的位置。

清洗笔的容器可自由选择。在绘制图纸的过程中，要经常换洗涮笔容器。

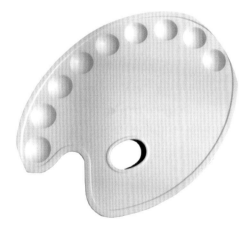

# 硫酸纸

硫酸纸可将画好的图形拷贝到另外一张画纸上，是一种十分快捷的绘图工具。

硫酸纸有不同克重可以选择，正常用于拷贝的为A4大小的，70g，比较薄，透明度较高。

具体使用方法是将硫酸纸用胶带固定在想要拷贝的画面上，用软度较高的铅笔把图案描出来。然后把硫酸纸翻过来放在想要拷贝的纸张上，用硬铅笔一点一点把图案再描绘一次，揭下硫酸纸，图案就拷贝好了。此方法多用于拷贝对称的图案。如果想要拷贝后的图案与原图案的方向相同，就需要把硫酸纸两面都画好，再进行拷贝。

在三视图中，也经常会用到硫酸纸。由于三视图的线条过多、过于复杂，因此我们经常会把硫酸纸直接覆盖在画面上，在三视图中直接绘制视图或视图中的某一部分。

硫酸纸也有高克重，如110g、160g和180g等，克重越高，透明度越低，纸张越厚。我们也可以直接在高克重（通常选180g）的硫酸纸上画彩色颜料，但是由于硫酸纸纸面光滑，吸水性极差，而不管是水彩还是水粉都是水性颜料，因此都较难上色。如果画彩色颜料，就需要绘画手法娴熟，对硫酸纸的吸水时间和水性颜料的把握性较强。

左：70g硫酸纸　　右：180g硫酸纸

# 色卡纸

如果可以把珠宝手绘的工具排序，画纸的选择应该放在首位。

纸张不同，画面的效果就会受到影响，所以不同的绘画工具需要结合相应的纸张。

珠宝手绘中，我们通常选择颜色较深的色卡纸，这种纸张的厚度介于普通的A4白纸和纸板之间，质地好，它是对白色卡纸的浆料进行染色制成的。因为珠宝手绘需要我们表现宝石晶莹剔透的效果，所以我们会选择颜色较深的卡纸来创作，如深灰色、咖啡色、卡其色和黑色等。

色卡纸通常含50%的棉，所以吸水性强，适合画水粉或者水彩。克重一般在160g左右为佳。色卡纸有两面：一面呈现灯笼网状，比较平滑；另一面呈现蜂窝状，凹凸不平。在画珠宝手绘效果图时，我们选择较平滑的一面来绘图。

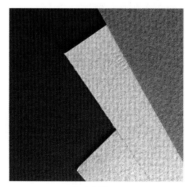

色卡纸正面　　　　　　　　色卡纸背面

# 其他

在绘制珠宝手绘效果图时，还需要一些工具，如台灯。自然光是最佳的光线，但如果遇到天气不好的情况，就需要一盏台灯，灯光的颜色需要选择纯白色，这样画出的颜色才不会偏色。

如有需要深入刻画的细节，肉眼仍存在视觉差时，我们就需要一个头戴式放大镜，放大倍数有1.5X、3X、8.5X和10X等可选。

头戴式放大镜

第**2**章

# 精确的透视

PERSPECTIVE

# 透视的定义

透视是指在平面上表现立体空间的视觉关系的一种绘图方式，即在二维平面中表现三维立体空间。

在现实生活中，人眼观看任何景物的透视都是有一定规律的：

❶ 近大远小，最远的点会消失在地平线上；

❷ 近长远短，最后会聚为一点，消失在地平线上；

❸ 近清晰远模糊。

# 透视的类别

由于空气对光线的影响，远近不同的物体在明暗和色彩方面都有不同的变化，因此透视分为两类，即形体透视和空间透视。

● 形体透视也称几何透视，如平行透视、成角透视、倾斜透视和圆形透视等。

● 空间透视是指形体近实远虚的变化规律，如明暗、色彩等。

## 一点透视（平行透视）

一点透视又叫平行透视，因为只有一个消失点（Vanishing Point，VP），所以称作一点透视。消失点是平行线的视觉相交点，在画面中表现透视时，凡是平行的线都消失于无穷远处的同一个点。当观看者刚好在构图物体的正面时，通常会采用一点透视法进行绘图。在一点透视图中，地平线（Horizon Line，HL）和消失点VP作为透视基本元素，所有构图中的物体均聚集于一个消失点。

先画出一条水平线作为地平线（HL），地平线决定了观看者能看多远。然后选择消失点（VP），消失点将决定透视的整体效果。一般消失点会在地平线之上。当人的视角为仰视时，消失点也可以低于地平线。

从消失点集中发散的直线叫变线，变线互相之间不平行。平行于地平线的直线叫原线，原线之间互相平行。下图中，通过4条变线和4条原线勾出一个长方体。因为消失点在地平线之上，所以透视图中的长方体呈现俯视效果。

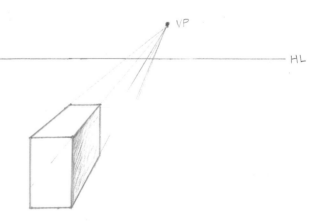

一点透视的纵深感很强，经常会用在空间设计中。

再添加几个物体，让画面饱满的同时，可以让我们更加深入地了解一点透视的特点。在下图中，仔细观察可以发现，每一个物体均有一组可视平面与画面是平行的，这也是一点透视又叫平行透视的原因。

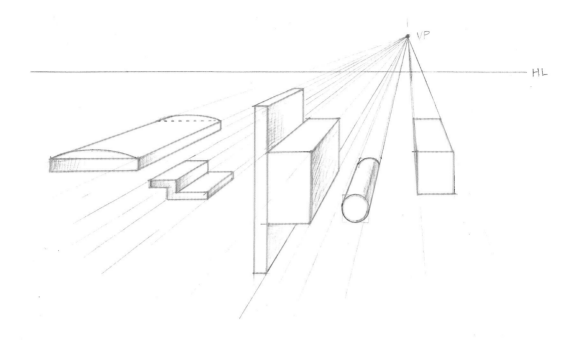

当然，在一点透视中消失点也可以在地平线以下，会呈现下图的仰视效果。

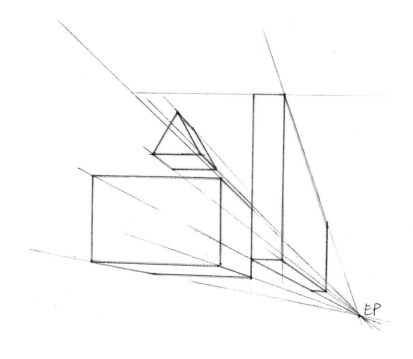

# 两点透视（成角透视）

两点透视又称成角透视，在整个透视图中有两个消失点。观看者从斜角观看物体，而不是从正面的角度来观察物体。

先画出地平线HL，然后在两端分别画出两个消失点VP$_1$和VP$_2$，随意确定一点为视觉点（Eye Point，EP），从观察者的眼睛看出延伸到消失点的这两条视线的夹角为90°，如下图。通过变线做辅助勾画出一个长方体，此长方体的任何一个面都不与画面平行，而是与画面形成一定的角度，这也是成角透视的由来。

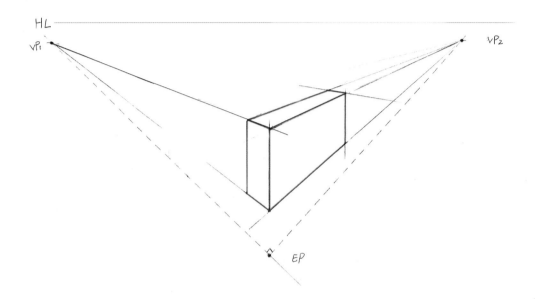

下图是仰视角度下的长方体的两点透视效果。两点透视的空间立体感很强，接近人的直观感受，所以经常用于工业设计和产品设计中，也是珠宝设计领域运用最多的透视法。

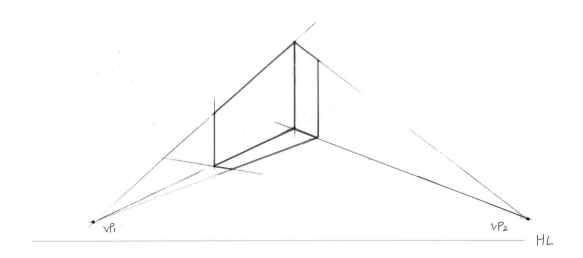

　　继续用两点透视法完善构图，再画出一个在地平线上的长方体，此时可以看到与地平线下面的长方体的角度区别。画圆柱体的时候，要先画出一个长方体作为辅助。

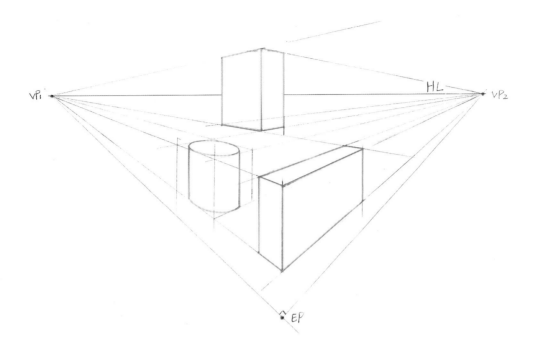

# 三点透视（斜角透视）

　　三点透视又称斜角透视，是在两点透视的基础上多加了第三个消失点，也就是竖直方向上的第三个消失点。三点透视作为高度空间的透视表达。物体的三组变线都与画面形成一个角度，三组变线都消失于三个消失点。当第三个消失点在地平线上方时，很像站在高楼底下向上仰望的感觉。

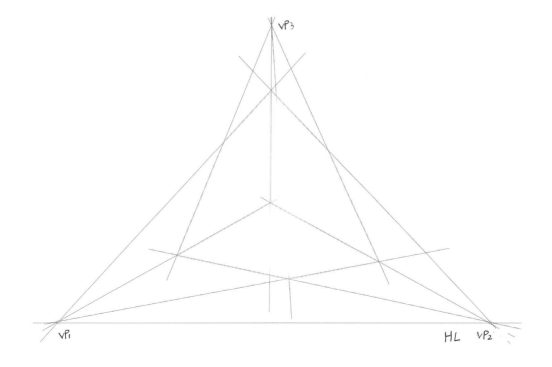

当第三个消失点在地平线下方时，表示物体向底下延伸，呈现的是垂头看物体的俯视角度。

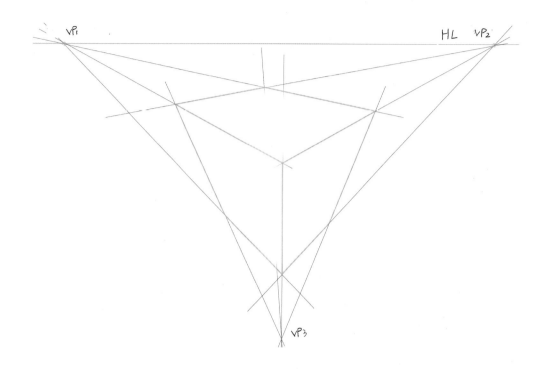

以长方体来说，三点透视图常会犯的一个错误就是，当第三消失点在地平线之上为仰角时，长方体的顶面是看不到的，可以用虚线表示或者不画；而当第三消失点在地平线以下时，是俯视角度，长方体的底面是看不到的，可以用虚线表示或者不画。绘画时要注意一定不能混淆。

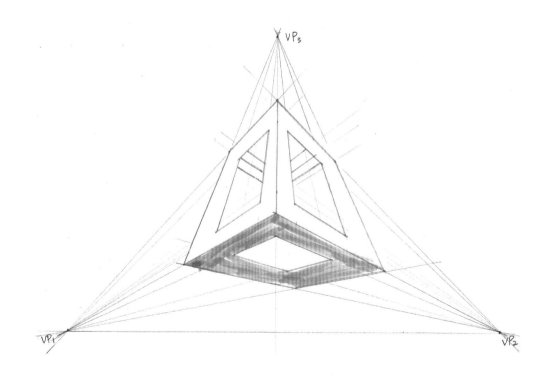

# 曲线透视

曲线透视可以分为两类：第一种是规则的曲线，如圆形、椭圆形和水滴形等；第二种是不规则的曲线。

曲线透视同样基于前几节所讲的几何透视规则，做曲线本身的透视变化。

在平面曲线的透视中，仍呈现近大远小的特征，透视图形为曲线，当平面曲线的面与地平线重叠时，平面曲线为一条直线。

### 1. 平面圆形透视

珠宝设计中，经常会用到圆形宝石，或者圆形的金属造型等，了解圆形的透视规则会帮助我们更精确地画出设计图。

在透视图中，一个圆形会因为视觉差而呈现不同角度的椭圆形的效果，如下图所示。

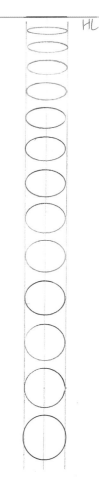

圆形平面垂直于地平面时，我们看到的是圆形，圆形平面逐渐转动，随着平面越来越趋向平行于地平面，我们看到的圆形越来越扁，直到圆形平面与地平面完全平行时，圆形变为一条直线。

怎样画出一个平面圆形的透视图呢？

正如我们所知，在一个正方形中画一个直径和其边长相等的圆形时，圆形会与正方形相切于 4 条边的中点（如图 A 所示），所以，借助正方形我们完全可以得到一个圆形。

还有第二个方法来帮助我们画圆，即十二点求圆。同样画出一个正方形，把正方形平均分成 16 份，并按图 B 中的方法画 4 组交叉线，得到 12 个点，把这 12 个点用曲线连接，即可得到一个圆形。

因为正方形与圆形的这种位置关系，所以不管在哪一种透视正方形中表现圆形，都应依据平面上的正方形与圆形之间的位置关系来绘制。比如在透视图中，正方形会根据集中到消失点的变线而呈现梯形，而此时通过变形后的正方形得到的圆形就会呈现椭圆形。

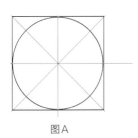

图 A

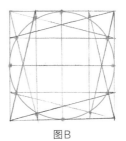

图 B

首先画出地平线HL和消失点VP，再画出两条向消失点集中的变线和两条平行的原线，形成的梯形用来确定圆形的范围，在梯形内做交叉辅助线得到圆心，用圆心连接消失点做一条辅助变线，得到圆的中线和与梯形的两条底边的两个交点，即得到这两条底边的中点。通过圆心画一条平行于地平线的辅助原线，得到梯形两条腰上的中点（这是变形后的方形边的中点，所以视觉上这两个中点并不居中），将这4条边的中点连接画出合适的曲线，就可以得到一个一点透视下的圆形的透视图。

因为下半圆弧距离视点更近，所以圆弧较大，而上半圆弧较小。画的时候可以先将线描得淡一点，确定之后，再用笔加深。

如果圆形的变线向地平线以下发散，那么视点在圆形的下方；如果圆形的变线向地平线以上发散，那么视点在圆形的上方。

再来看下面的案例，我们把消失点VP画在地平线HL上，视点在左侧，画一组圆形，看看会得到什么样的视觉效果。

画出4条集中到消失点的不同角度的变线和多条垂直于地平线HL的原线来确定圆的位置和数量，逐一将变形的正方形做米字辅助线，得到交点，向消失点做变线辅助线，逐一勾出圆形曲线，如下图所示。

通过以上案例，我们得到一个圆形透视图的规律：圆形透视图呈椭圆形；在视平线以下时，上半圆小，下半圆大；在视平线以上时，上半圆大，下半圆小；近大远小，近疏远密。

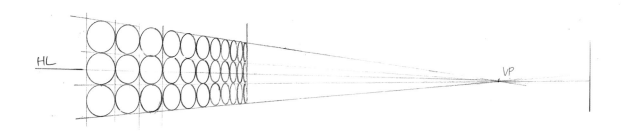

　　当多个圆形不在一条水平线上时，画法基本与上述圆形透视图的画法一致。同样确定地平线和消失点VP，画出确定圆形位置的变线和两条平行的弧形原线，然后在每一个扇形里画交叉辅助线，帮助我们完成圆形的绘制。

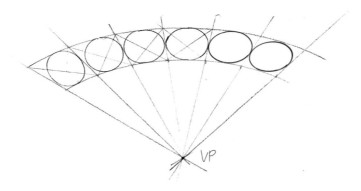

　　如果一条曲线上有多个圆形在两点透视图中，就要根据透视方形的位置和形状来确定圆形曲线。消失点是可以延伸到画面之外的。

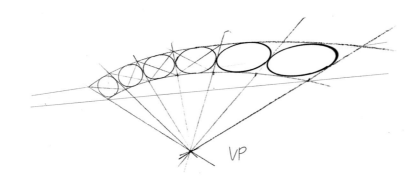

　　在有两个消失点VP₁和VP₂的透视中，同样在变形的方形内画出米字辅助线后得到中点，并向每个消失点连辅助变线，再根据辅助线画圆，也可用十二点法画圆的曲线。画圆的曲线转弯不能太尖，要根据正方形的位置和透视来画圆形的走向，如下图所示。

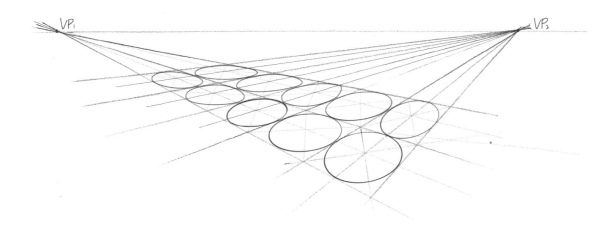

## 2. 常见切割宝石平面透视

平面马眼形的透视图同样需遵照透视图的基本规则，我们来分析一下马眼形的结构，可用一个长方形来得出马眼形。

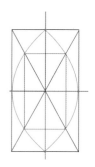

在长方形里做米字交叉辅助线，得到长方形4条边的中点。以长方形的中心点为中心再画一个较小的长方形，得到斜向交叉线上的4个点。用这8个点来辅助勾画出均匀的曲线，得到一个马眼形。

与圆形一样，画马眼形透视图也是借助变形的方形来得出马眼形的曲线的，具体的步骤如下。

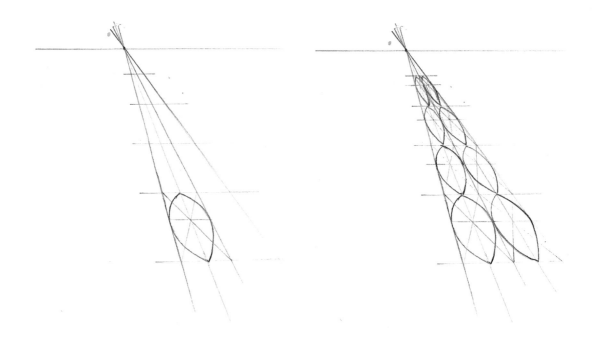

❶ 在有一个消失点的透视图中，画出3条变线，以确定马眼形的宽度，再陆续画出有渐变节奏的原线以确定马眼形的高度。

❷ 把变形的方形做交叉线得到中点，穿过中点和消失点画辅助变线，这条变线即作为这一列马眼形的中线。

❸ 将透视方形上的各交叉点用曲线连接，得到马眼形。

用相同规则，画出两个消失点的平面马眼形透视，具体步骤如下。

❶ 确定消失点后，分别画出向两个消失点集中的变线，在得到的变形的方形中做交叉线得到中点，穿过中点和两个消失点分别画两条辅助变线，即得到此方形所在的一行和一列的中线。

❷ 把方形4条边上得到的交叉点用曲线连接便可得到马眼形。在绘制的过程中，要根据方形的透视走向去画马眼形曲线，如果不确定，就可以用铅笔轻轻地勾出，确定后可加深线条，再用橡皮擦去多余的线条。

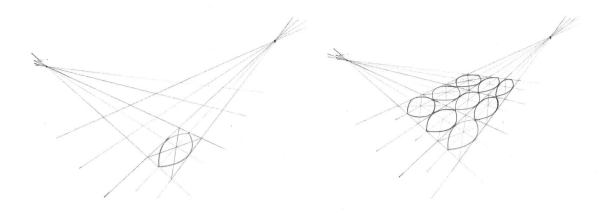

　　掌握了透视的技巧之后，可以尝试勾出任意一种宝石形状的平面透视图。

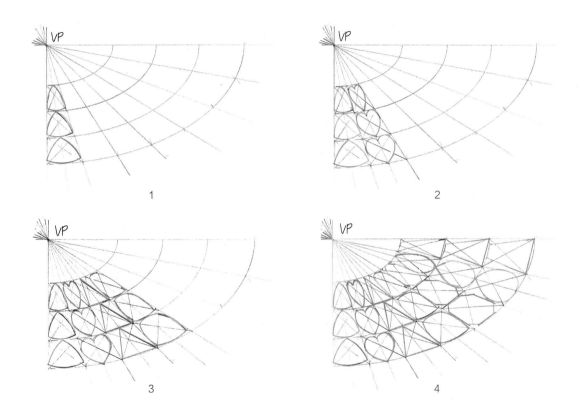

　　也就是说，大部分的规则曲线透视都可以通过方形作为辅助来求得。

　　再来看有两个消失点的各种平面宝石形状的透视图，具体步骤如下。

❶ 确定两个消失点后，分别画出两侧的变线，变线交叉形成变形的方形，在方形内做交叉线，用得到的中点向两个消失点集中，得到中线。

❷ 用方形的4条边上得到的交叉点做我们想要画的目标宝石形状的曲线，最后可擦掉所有辅助线。

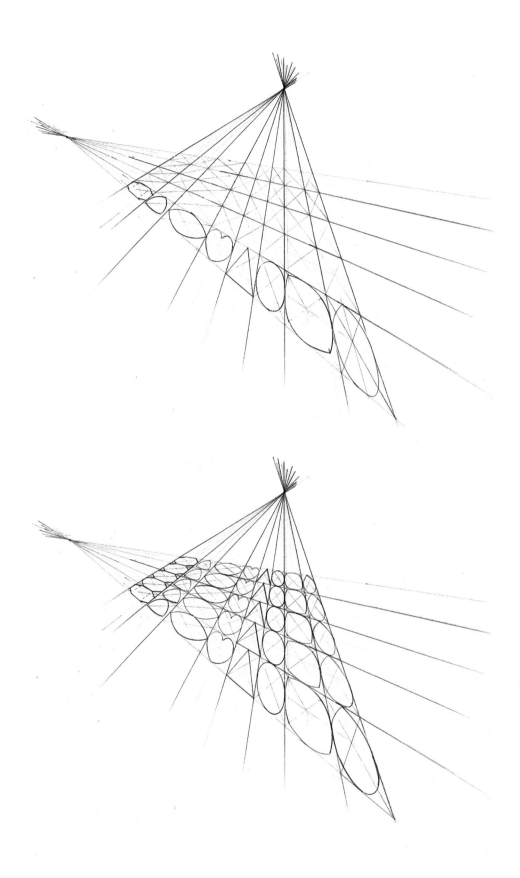

### 3. 规则曲线在球体中的透视

　　如果我们把宝石镶嵌在一个球形的金属上，就是立体空间透视，这时要根据球体本身的透视特点来画宝石的透视。那么球形物体的透视特点是什么呢？

　　当我们看地球仪的时候，会看到用线标出的经线和纬线，它们交叉所形成的小格子不是正方形，而是由 4 条曲线的边组成的形状。距离视点最近的格子最大。距离视点越远，格子越小，同时角度上也有变化。

　　通过这些小格子作为辅助，我们也可以在球形物体上画出刻面宝石的透视。

　　那么怎样在球形上画标准的格子辅助线呢？

❶ 用圆规画出一个圆形。

❷ 以圆心为交点，画出十字辅助线。用圆规在水平辅助线上画出若干个点，这些点以圆心为起始，越靠向两侧两点间的距离越小。然后把水平辅助线上的每个点都向圆形与垂直辅助线相交的两点连曲线。

❸ 用同样的方法，在垂直的辅助线上，用圆规画出若干个点，然后向球体两侧画曲线，曲线与第 ❷ 步中垂直方向的曲线相交得到多个交点。

❹ 这一步我们在球面上画圆，如果我们要在球面铺满圆形，那么圆形会以中心的圆最大，从这个中心圆向四周扩散，离中心圆越远，圆形就越小，直到消失。先用圆形模板尺画出球面中心的圆形。然后在垂直辅助线上，对称地画出其他椭圆，每个椭圆的中心点都是步骤 ❸ 中得到的交点。

❺ 遵照步骤 ❹ 中的方法，在垂直辅助线左侧的纵向曲线上画椭圆。

❻ 可用硫酸纸把在球面左半部画的椭圆镜向复制到右半部，这样在球面上画很多圆形的透视就画好了。最后可以擦掉所有的辅助线。

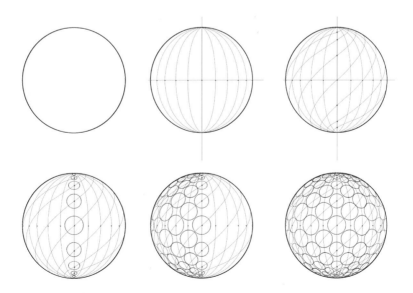

　　如果是在球面上画立体的刻面宝石，那么需要在最后一步的基础上，对每一颗宝石进行刻面的透视刻画。如果是其他形状曲线在球形物体上，也需遵循同样的制图方法。

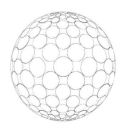

# 立体刻面形宝石透视

切割刻面宝石的透视效果会随着宝石本身角度的转变而变化，想象一下把宝石镶嵌在一个平面上，宝石的顶面正对我们，此时我们看到的是标准的切割宝石，逐渐翻转宝石，角度越大，透视变形越大。以圆钻形宝石为例，宝石垂直于地平面时，宝石呈标准切割宝石，外轮廓为圆形。翻转宝石，宝石与地平面逐渐趋向平行，宝石的透视发生相应变化。宝石的台面（刻面宝石顶部最高处的平面）和切割面的透视效果也会跟着宝石本身的透视进行变化。当宝石与地平面平行时，呈完全侧面图的效果，如图1所示。

祖母绿形宝石的透视图，如图2所示。假设宝石镶在一个平面上，我们正对着它的台面时，这是一颗标准的祖母绿形宝石，当宝石逐渐与地平面平行时，它的整体高度会减小，台面更靠近较远的那条边。当宝石与地平面平行时，祖母绿形宝石的整体高度为最小，台面最终与较远的边重叠，宝石呈现为完全的侧面图。

在绘制的过程中，可用长方形来辅助我们完成切割形宝石的绘制。心形刻面、梨形刻面和马眼形刻面宝石的立体透视图，分别如图3至图5所示。

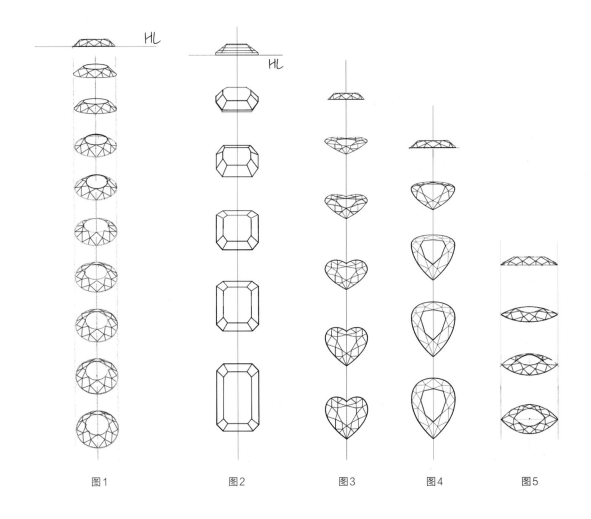

图1　　　　　图2　　　　　图3　　　　　图4　　　　　图5

# 镶嵌宝石的透视

## 1.包镶素面宝石的透视

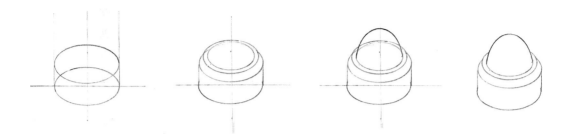

❶ 在两点透视的视角下，画出一个圆柱体。

❷ 在圆柱体的顶面上，再画一个较小的椭圆形。

❸ 在小椭圆形上画素面宝石。

❹ 擦掉多余的辅助线。

## 2.爪镶宝石的透视

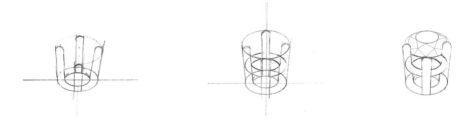

## 3.镶嵌长方形宝石的透视

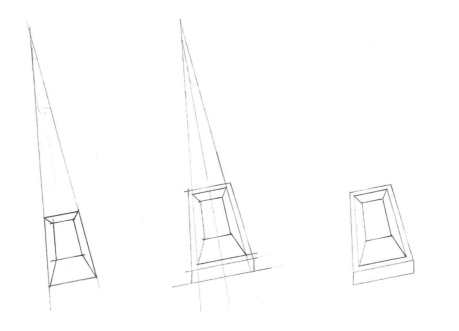

**4.群镶宝石的透视**

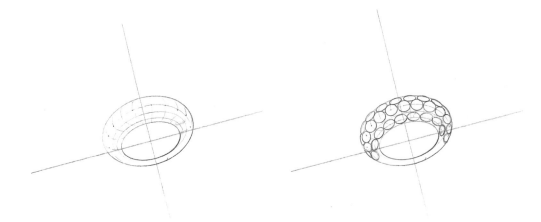

**5.轨道镶宝石的透视**

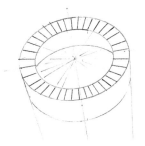

# 不规则曲线透视

　　不规则曲线透视是指没有任何规律的曲线的透视，可用于画所有不规则的设计元素，比如珠宝设计中的花卉和动物等。这些不规则的曲线的位置都可用小正方格来确定。

　　做小正方格的透视图，最后逐格寻找所画线条的位置点并加以连接即可。

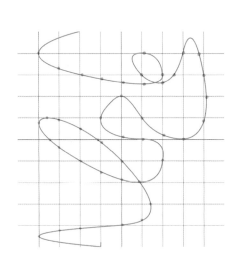
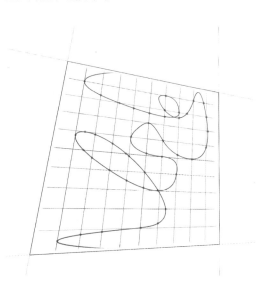

# 透视图的应用

透视无处不在，只要人眼可见的都存在透视关系。在空间设计、室内设计和工业产品设计领域更是应用广泛，本小节会详细做一些案例讲解，让大家逐渐了解透视图的画法和在珠宝设计中的应用。

## 立体房子的画法

通过前几节的学习，我们已经很熟悉长方体透视图的画法。房子形状的案例可以让我们学习斜角透视的画法。

❶ 首先画出一个两点透视的长方体，消失点可以延伸到画面外，不在画纸上表现，这样更贴近人眼的直观感受，如图1所示。

❷ 在最靠近视点的这条垂直线上取一个点，并向两侧的消失点画变线，变线与两侧的垂直线相交的两个点再向两侧的消失点画变线，这样，我们得到了一个含在长方体内与顶面平行的长方形，如图2所示。

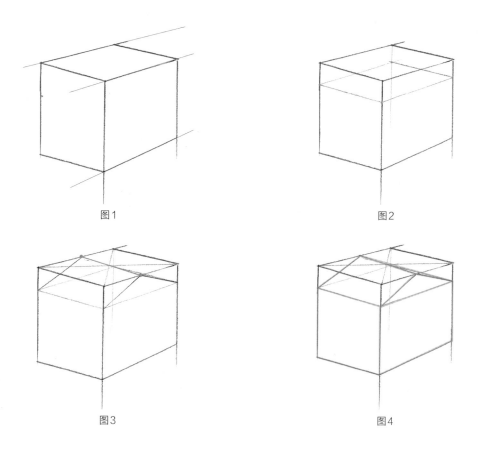

图1　　　　　　　　　　　　　图2

图3　　　　　　　　　　　　　图4

❸ 通过长方体顶面的4个角做对角线交叉，得到长方形的中点，通过中点向左侧的消失点画一条变线，取该变线上与长方体顶面重叠的部分线条，画实。得到的与长方体顶面的两条边的交点便是这两条边的中点，把这两个点分别向下一层长方形的4个角连线便得到图4所示的房子效果。最后擦去多余的和我们实际上看不到的线条。

# 素戒圈的透视图画法

我们要利用长方体作为辅助，来画一个戒指的立体透视图。

先画一个两点透视的长方体，用我们已知的长方形求圆规则，在长方体的顶面和底面做对角线交叉，分别得到中点，向两个消失点连辅助变线。然后通过在边上得到的交点画曲线，得到上下两个圆形。

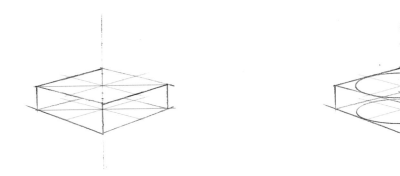

把上下两个圆形的两侧边缘连垂直线，这样一个圆柱体就完成了。再来画戒圈的厚度，在长方体顶面再画一个较小的透视后的方形，并通过4条边上的中点连曲线，形成一个较小的圆形。用同样的方法在长方体底面也画一个小圆，并把两个小圆两侧连垂直线。

擦除多余的和实际视觉中看不见的线条，保持画面整洁，这样，一个戒指的透视图就画好了。

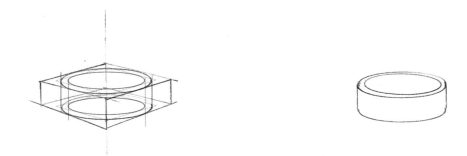

之所以要画底面的大圆和小圆，是因为假设透视图的俯视视角再大一点，我们是可以看到戒圈底部的部分弧线的，比如下面这个案例。

我们来画一个立起来的戒指。同样先画一个在两点透视下立起来的长方体。

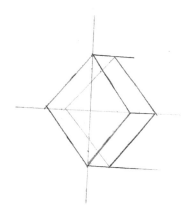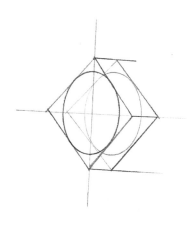

在长方体的前后两面画出交叉辅助线，并画出椭圆形。

再在两个椭圆形中分别画出同心椭圆形。两个大椭圆形相连，两个小椭圆形相连，最后用橡皮擦掉多余的线条，即可得到立起来的戒圈。

在这个案例中，我们是可以看到戒指的内壁的，所以后面的小圆形的部分弧线要保留在画面中，而大圆形的弧线恰恰是看不到的，所以要隐藏在小圆形的后面。

# 三圈组合戒指的透视图画法

在这个案例中，我们可以学习当三个戒圈组合在一起且我们可以看到戒圈内壁时，透视图的画法，会比上一节中单一的戒圈稍复杂一些。

首先，画十字交叉辅助线，找到中点，向消失点画变线，作为中线。分别在中线两侧画两条角度相同的变线以确定戒指的大小，然后画圆形透视曲线，如下图。

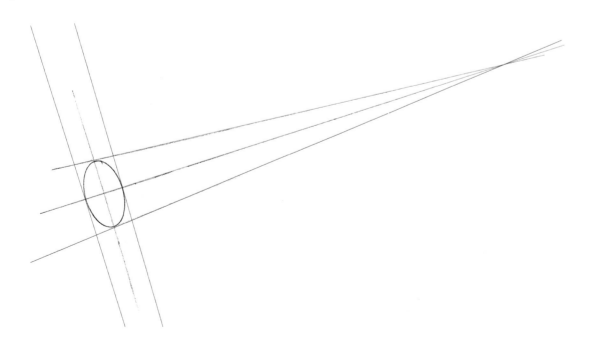

　　通过第一个戒圈的外侧透视图的圆心向消失点方向画变线，从圆心沿该变线向右移动，移动的距离是戒圈的宽度，确定第一个戒圈的内侧的圆心，画出第二个圆形透视，这两个圆形透视组合在一起，作为一个戒圈。

　　用相同的绘制方法画出第二枚同样大小的戒圈，中间需要留出第三枚戒圈的位置。值得注意的是，第二枚戒圈的大小与第一枚相同，两枚戒圈的底部在同一条变线上，但是它们的角度有所不同，也就是说，中点都在向右侧消失点的中间变线上，但是纵向的变线不是平行的，带有一定的角度，角度的大小取决于设计师的设计思路和宝石的大小（两个戒圈之间预留的距离是宝石的宽度）。

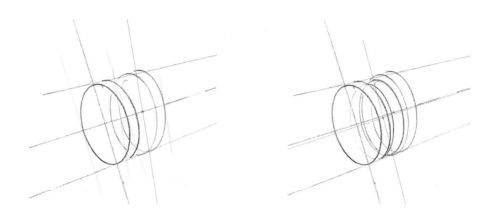

　　画第三枚夹在中间的小戒圈时，除了戒圈底部要在底部变线上外，它的中点不在另外两枚戒圈的中间变线上，竖直方向的变线也不与另外两枚的变线平行。

　　三枚戒圈的竖直方向的变线呈三个不同的方向，但它们向下延长的话，最终消失于一点。

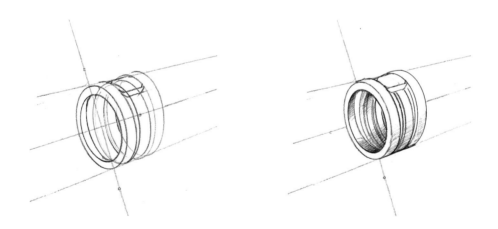

　　画一颗祖母绿形宝石，夹在两个大的戒圈中间，放在中间的小戒圈之上。可先画出一个立方体作为辅助。最后用橡皮擦掉多余的线条和辅助线。用铅笔稍稍上些调子来表现光线变化，让戒指更加立体。

## 交叉镯子的透视图画法

　　画一个十字交叉线，以交点为中点，分别画出如图所示的两个大小一样的长方形。

　　在长方形中画对角线交叉辅助线，通过交叉辅助线分别画出两个含在长方形内的椭圆形。

用同样的画法，画出两个含在大椭圆内的较小的椭圆形。

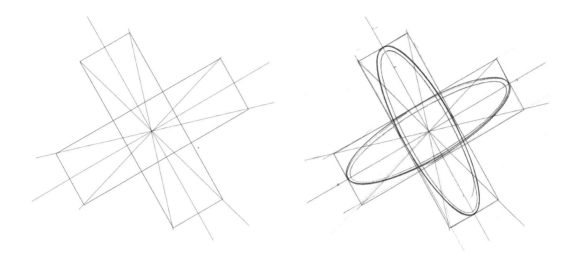

擦掉多余的辅助线。考虑两个椭圆形两两相交时的空间逻辑关系，然后用橡皮擦去实际视觉看不到的线条。

用铅笔轻轻画出这枚镯子的阴影，使它的立体感更强。

# 宽镯子的透视图画法

❶ 画出倾斜的十字交叉辅助变线，每条变线的延长线均向各自的消失点集中。

　　以两条变线的交点为中心，画一个长方形，长方形要遵循透视规律，其左右两条边的延长线均向右上方的消失点集中。在长方形内画对角线交叉线，并画一个椭圆。按同样的方法在这个椭圆的左侧再画一个椭圆，其中点在另一个椭圆的中心变线上，得到第二个椭圆。将两个椭圆组成圆柱体。

❷ 这一步要画一个手镯套在刚刚的圆柱体上。把步骤❶中的第 1 个椭圆形的中点延中心变线向左稍移，画出同样的椭圆形弧线。中点再向左移，画一个较大的椭圆形，取 B1 和 B2 两点向左侧消失点画线，并将大椭圆向左拷贝，得到另外半条弧线。

❸ 用橡皮擦掉多余的辅助线和实际看不到的线条，最后用铅笔轻轻画出一些阴影调子，让镯子更有立体感。

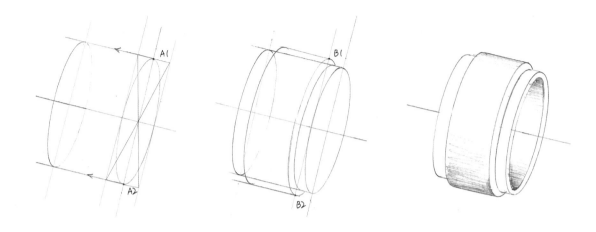

# 花形胸针的透视图画法

将本节所学做一个小的总结，我们来画一个花形的胸针。

我们看到花形胸针的平面图，让我们用网格的方法，画出它的两点透视图。

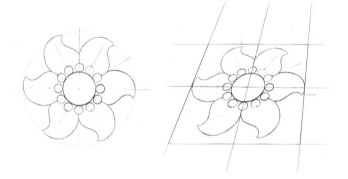

在胸针的两点透视图内，把每一个花瓣的边缘向下画垂直线。然后按照花瓣的曲线走向，再画一层花瓣，两层花瓣间的距离即为胸针的厚度。

接下来画花蕊的宝石部分，可以尝试画出台面透视。

勾出宝石的刻面透视，然后用橡皮擦掉多余的辅助线，再用铅笔画出一些简单的阴影。

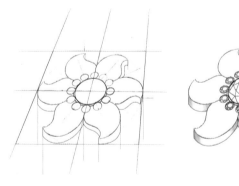

第 **3** 章

珠宝手绘标准三视图详解

# 三视图的基本原理

三视图是一种能够正确反映物体长、宽和高的尺寸的投影工程图，观测者从上面、左面和正面三个不同角度观察同一个物体，将所见物体的轮廓用正投影法绘制出图形，这三种视角的图形分别被称为正视图（主视图）、俯视图和左视图。通过三视图可以更加全面地表现珠宝的每个角度的细节结构和尺寸。

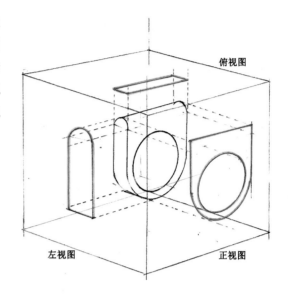

什么是投影工程图呢？这术语源自工业设计中的工程图。如右上图所示，我们把一枚戒指的三个面分别正投射到一个四方盒子的盒壁上，形成这三个投影，这三个不同角度的投影便是我们所说的三视图。如果我们把这个盒子平铺开来，便可得到如右图所示的平面三视图。

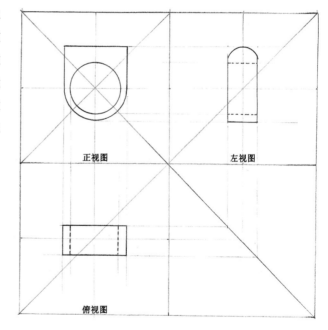

## 三视图的重要性

三视图在珠宝设计中起着至关重要的辅助作用。在画一枚戒指的时候，我们画出了它的正面图，但是看的人或者制作者在制作的过程中，未必可以完全了解设计师的想法。假如戒指的背面是不对称的，在正面图中是表现不出来的，这时就需要画出完整的三视图来全面地表达设计师的想法和作品的尺寸规格。

三视图也可作为工艺制作图，因为它分别在三个角度完全表现了物体的各个细节的尺寸。所以，三视图的比例都是1：1的。

# 三视图的画法

　　本章中的所有三视图，我们都假设第三个视角图为未知，这样可增强对三视图的认识，促进学习。让我们从简单的物体入手，开始学习三视图的绘画方法。

| 工具 | 铅笔2H（硬）、2B（软）、白纸、硫酸纸、三角板、直尺、丁字尺 |
|---|---|
| 色板 | 把图纸固定到画板上，用丁字尺卡在画板的直角上，三角板靠着丁字尺来回移动进行画图 |

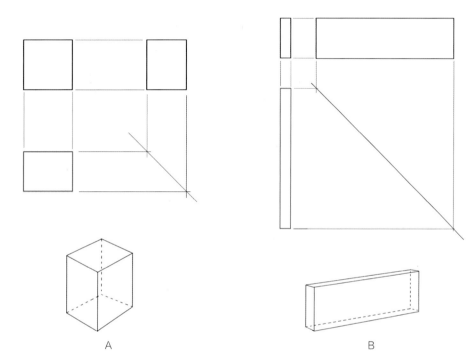

A　　　　　　　　　　　　　　B

## 图A

　　先着手画出图A中的正视图和左视图，正视图和左视图均为长方形。然后在左视图的下方画出45°角的辅助线，将正视图的左右两边向下延伸做辅助线。把左视图的左右两边向下延伸做辅助线并与45°角的斜线相交，从相交的两点向左画两条辅助线，让它们与正视图的辅助线相交，相交得到的4个点连接起来，我们便得到了俯视图。由此可以判断出，这是一个长方体。

## 图B

　　按照图A的三视图绘画方法，我们依次画出图B的正视图和左视图。左视图的高度是由正视图的高度决定的。最后画出45°斜向的辅助线，得出图B的俯视图。通过三视图3个角度的轮廓，我们可以判断出，这是一个类似木板的扁形长方体。

　　从以上两个例子我们看到，可以利用45°斜向的辅助线帮助我们找到未知的第三个视角图。我们来分析下一组例子，继续学习三视图的画法。

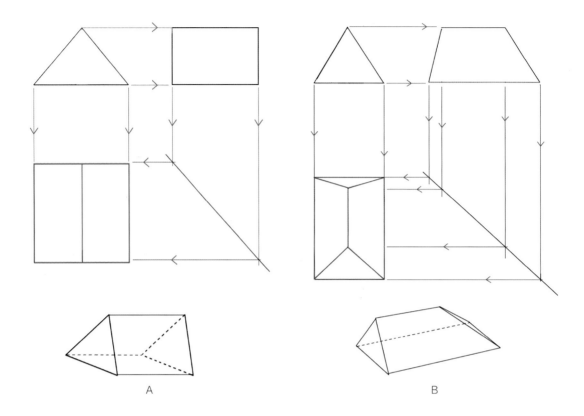

A                                           B

## 图A

从图A的正视图来看，我们知道这有可能是一个三角体，但是从左视图我们可以看出，这是一个侧面是长方形、正面是三角形的物体。按前面所讲的方法画出俯视图，可知该物体是三棱柱。

## 图B

按照图A的过程，我们再来看图B。图B的左视图是梯形，这时我们便可以想象出物体的大概轮廓。画出45°斜向辅助线后，从左视图的4个角垂直向下做辅助线，从它们与45°斜向辅助线相交的4个点向左做水平辅助线，并与正视图的辅助线相交，我们得到一个和图A完全不一样的俯视图。

我们来学习右图所示的一枚简单的环三视图画法。

先画出一个环，由于环有厚度，因此从正面看有两条环线。辅助线向右，得到左视图的高度，按照上图中环的宽度画出左视图。这里，环的内环线实际上是见不到的，所以在左视图中用虚线画出，代表存在的但是看不到的线。按照三视图中用已有两视图得出第三个视图的画法，画出45°斜向辅助线，连接各条辅助线，得出俯视图，注意俯视图中也有代表环厚度的两条隐形线。

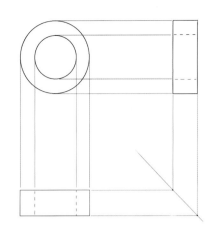

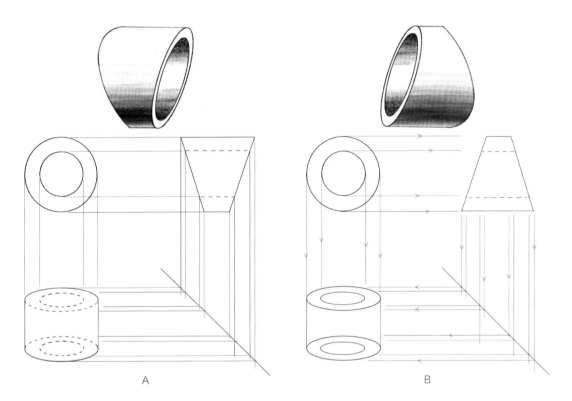

## 图A

按照图A的正视图和左视图，画出45°斜向辅助线，可以得到相交点，这时，仔细观察画面，从左视图上看，实物是上宽下窄的环形。当我们俯视的时候，俯视图中的上下两条线不是两条直线，而是带有曲度的两条曲线，这两条曲线分别和环的较窄的边连接，分别形成对称的两个扁环。在俯视的视角中，环较宽的上部盖住了较窄的下部，所以我们见不到内环线，也见不到另一半较窄的外环线。

## 图B

它的左视图和图A相反，是上窄下宽的款式，在俯视图中，较窄的外环遮盖不到整个环线，所以，俯视图中可以完全见到完整的内环线和外环线。

# 简易三视图课后练习

根据图中给出的正视图和左视图，画出该物体的俯视图。

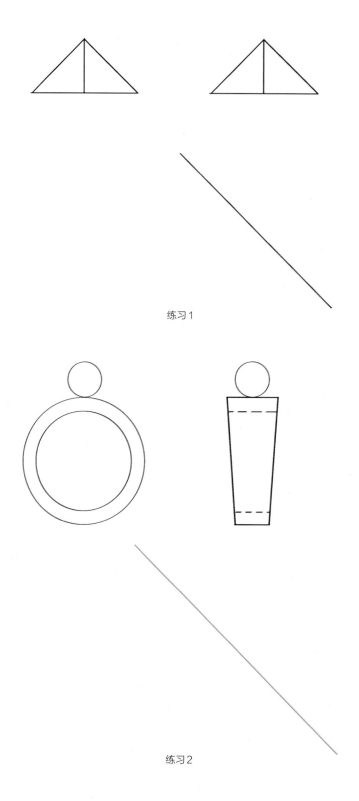

练习1

练习2

# 三视图实例解析

本节我们继续学习三视图的画法和案例解析，更深入地了解三视图的基本原则和重要性。

## 三颗圆珠戒指

看下面两幅相似的戒指三视图。

| 工具 | 画板、铅笔2H（硬）、2B（软）、白纸、硫酸纸、三角板，直尺、丁字尺 |
| --- | --- |

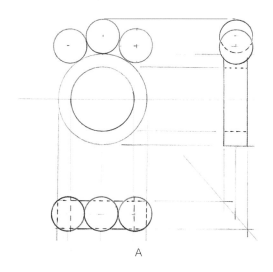

A

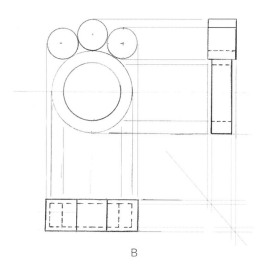

B

### 图A

这是一枚简单的3颗珍珠戒指。从正视图向右的辅助线得出戒指的高度及珍珠的位置，按上图中的尺寸画出左视图中戒指的宽度。注意：左视图中我们要画出代表戒圈厚度的虚线；第2颗珍珠在第1颗的后面，所以其被遮挡的部分应画成虚线。第3颗珍珠与第1颗在视觉上是重叠的，所以不需要再表示。

画出45°斜向的辅助线后，连接各条辅助线，得到相交点。按照已知的戒指形状，连接每条辅助线，得到戒指的俯视图。俯视图中，3颗珍珠覆盖的戒圈的部分用虚线画出，不要忘记两条表示戒圈内壁的虚线。

### 图B

图B的正视图与图A中的完全相同。在左视图中，我们可以看出，这不是3颗珍珠，而是3个横在戒圈上的圆柱体。所以在确定各条辅助线后，可以很轻松地画出其俯视图。

## 双环

见右图中的正视图和左视图，可知这是两只横截面为圆形的圆环。按照之前讲过的45°斜向辅助线方法，画出该图的俯视图即可。注意要画出代表环厚度的虚线。

| 工具 | 画板、铅笔2H（硬）、2B（软）、白纸、硫酸纸、三角板、直尺、丁字尺 |
|---|---|

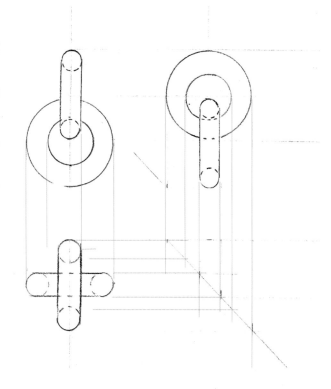

## 渐变多珠戒指

这是一枚多颗圆珠的戒指，圆珠由小到大排列。先画出正视图，根据正视图的所有辅助线来确定左视图的各个高度。按照右图中左视图戒指的宽度画出整个左视图，因为圆珠是按大小排列的，所以左视图中，根据正视图的辅助线，从第3颗圆珠开始，便出现了看不到的部分。画出45°斜向辅助线，画出各条辅助线，可画出俯视图。在俯视图中圆珠覆盖了戒圈，所以戒圈为虚线。

| 工具 | 画板、铅笔2H（硬）、2B（软）、白纸、硫酸纸、三角板、直尺、丁字尺 |
|---|---|

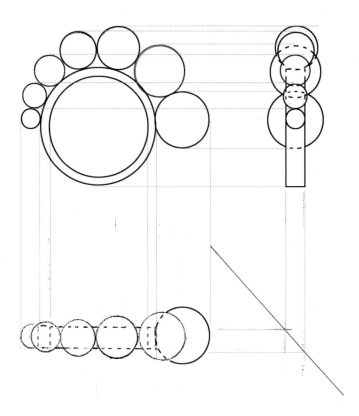

# 组合戒指

根据之前的案例经验，我们看到正视图中的圆形，再看左视图中的长方形，可以确定这是一个圆柱体穿过整只戒指的造型。画出45°斜向辅助线，然后画出每一条辅助线，连接相交点，画出最后的俯视图。

| 工具 | 画板、铅笔2H（硬）、2B（软）、白纸、硫酸纸、三角板、直尺、丁字尺 |
|---|---|

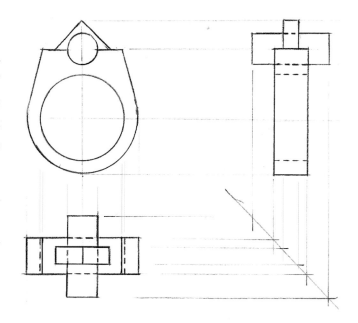

# 吊坠框

在这张三视图中，我们把侧面作为这个吊坠框的正视图，把吊坠框的正面图作为左视图，把45°斜向辅助线放在了左下角。事实上，只要可以把三视图的三个视角的细节尺寸表示出来，45°斜向辅助线放在4个角的任意一角都可。

按右图，先画出正视图的轮廓和细节，基本上我们可以确定，这是由两部分组成的物体。然后向右画出代表每个零件高度的辅助线，按图中左视图的形状，根据这些辅助线，画出左视图和左下角的45°斜向辅助线。按照我们之前学过的三视图绘画方法，画出最后的俯视图。

| 工具 | 画板、铅笔2H（硬）、2B（软）、白纸、硫酸纸、三角板、直尺、丁字尺 |
|---|---|

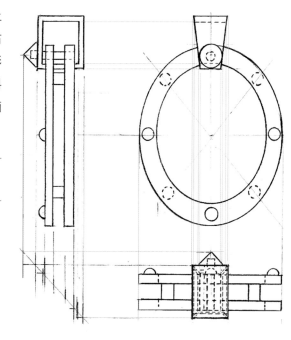

结合正视图和左视图，我们可以看到椭圆形轮廓是由前后两个部分组成的，中间由4个圆柱体连接起来，所以在左视图中，这4个圆柱呈隐形状态，用虚线表示，在正视图和俯视图中是可以看到它们的。由于它们在视觉上两两重叠，因此要用直线画出两个。

在左视图的椭圆上可以看到另外3个实线的圆，结合正视图，可以确定它们是突起的半球，所以在俯视图中也一样要用实线画出来。

### 提示

左视图中最大的圆形在正视图中是三角形，所以我们判断它是一个圆锥体。在正视图中看，它的中心有一个轴，所以在左视图和俯视图中，它都是被隐藏在后面的，要用虚线表示出来。

在这个吊坠中的上面部分，在左视图中看，是上宽下窄的造型，所以在俯视图中，较宽的部分在最上面，边要用实线画出来，较窄的边要用虚线画出来。在左视图中，可以看到代表厚度的两条虚线，这两条虚线向下拉出的辅助线与正视图代表厚度的辅助线相交，可以在俯视图中用虚线画出它的厚度。

# 三环组合（一）

在这个例子中，重点学习多物体叠加在一起时，在三视图中的位置体现和空间逻辑思维。

| 工具 | 画板、铅笔2H（硬）、2B（软）、彩笔、白纸、硫酸纸、三角板、直尺、丁字尺 |
|---|---|

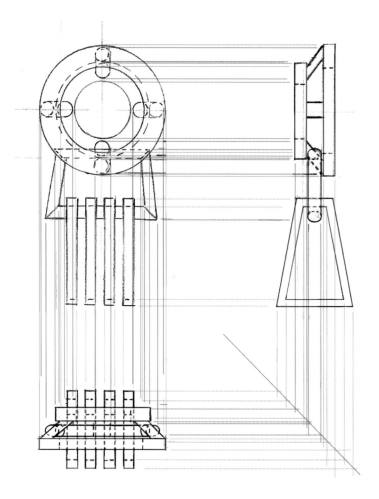

为了让大家在学习时头脑清晰，这里选用了彩色辅助线来表示在不同视图内的相同物体或边线。

观察正视图，确定物体分为3个部分。

第1部分，在正视图中，我们看到有4条环线，其中一条为虚线，结合左视图，可以确定这是两个大小不同的环，处于一前一后的位置，两环之间由4个圆柱体固定。由于两个环的大小不同，因此在左视图中，有两个圆柱体是有一定倾斜角度的。

第2部分，在正视图中，是一个梯形的环，在左视图中观察到，在代表环厚度的线为椭圆形虚线，所以确定，梯形环的横截面为椭圆形。

第3部分，由4个梯形环组成，挂在第2部分的梯形环上。

分析结束后，画出45°斜向辅助线，依次画出每一部分的代表长、宽、高的辅助线，找到其相交点，连线，画出俯视图。

## 提示

在这幅三视图中，需要注意的是第2部分的梯形环。在俯视图中，需要画出4个看不到的关节线，它们不是直虚线，而是不同角度的椭圆形虚线，因为在左视图中可以发现梯形环的横截面为椭圆形。

# 三环组合（二）

在这个案例中，我们可以学习更复杂的形体在三视图中的画法，尤其是在俯视图中，复杂形体和隐藏线条的表现。

| 工具 | 画板、铅笔2H（硬）、2B（软）、彩笔、白纸、硫酸纸、三角板、直尺、丁字尺 |
| --- | --- |

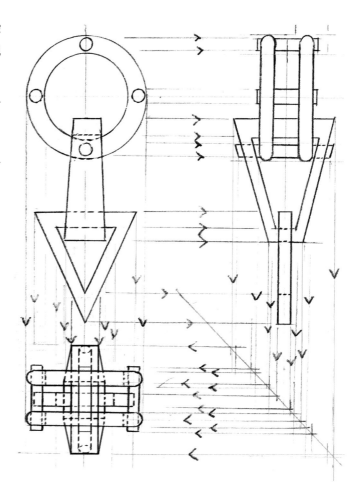

按图，先画出正视图的轮廓和细节，基本上我们可以确定这个作品由3个部分组成。

第1部分，在左视图中可以看到，圆形是双层，结合正视图可以确定，两层中间由4根轴来连接，其中最下面一根轴又穿过了物体的第2部分。在俯视图中要注意这4根轴都是穿过圆环和梯形环的。

第2部分，正面看是上窄下宽的梯形，左视图中可以看到变成了上宽下窄的梯形，那么在俯视图中，这个部分就会稍稍有些复杂。在俯视图中我们也看不到第1部分的轴。

第3部分，正面是个三角形的环，左视图也充分表现了它的厚度，所以在俯视图中它应该是横过来的长方体。

这3个部分全部分析结束后，画出45°斜向辅助线，依次连接每个部分的辅助线。由于辅助线过多，因此图中用不同颜色的箭头代表各个部分，连接每个部分的相交点，画出俯视图。

为了让这幅三视图更清晰地表示每个部分的前后左右关系，可用相同的颜色代表同一部分的不同视角，帮助我们有更清晰的思路，使三视图更加易懂，尤其是在俯视图中，物体的前后顺序极为复杂，很容易把隐藏的线条画成实线，混淆物体的前后顺序。

### 提示

在画俯视图连接每一根辅助线时，可先画俯视视觉中最顶部的部分，因为它们是实线。然后再依次画出其余部分，这样条理会更清晰。

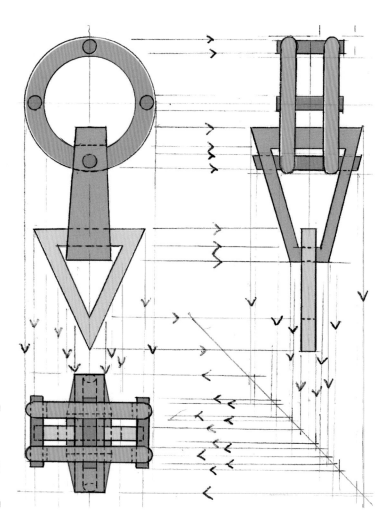

在这幅三视图中，比较难的部分是物体的第 2 部分，即梯形环的部分。因为它在正视图中是上窄下宽的，在左视图中是上宽下窄的，所以我们连好辅助线后，极容易把相交点连错。建议在画俯视图时，先画正视图中梯形环上面较窄的边的两条辅助线，然后画左视图中上面的同一条边，即较长的边的两条辅助线，这样我们得到了 4 个相交点，即梯形环的顶部。按照同样方法画出梯形环的底，再把同一面的两个点相连，形成一个完整的梯形环。

此时还有一个难点，就是梯形环和三角环在俯视图中的前后关系，即实线与虚线的表达。

# 祖母绿戒指

还有另外一种三视图，作为我们画彩图的底稿使用。这时的三视图不需要画视线中看不到的线条（虚线），只需要把可以看到的结构线条画准确即可，下图中的祖母绿戒指就是这样的三视图。

| 工具 | 画板、铅笔 2H（硬）、2B（软）、彩笔、白纸、暗色卡纸、硫酸纸、三角板、直尺、丁字尺 |
| --- | --- |

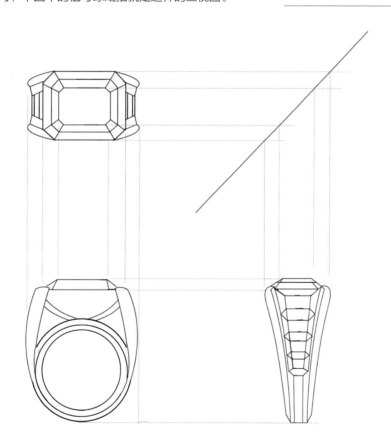

作为彩色效果图底稿使用的三视图，可以根据个人爱好来构图，可以随意变换 4 个角的位置，也可以将 3 个视角的视图排成一列，这时，需要利用硫酸纸把第 3 个视图拷贝下来，然后拷贝到卡纸上，等待上色。也可以在白纸上画出三视图，然后用高克重硫酸纸拷贝出想要的构图顺序，再进行上色。

# 三视图画法课后练习

按图中比例在白纸上画出正视图和左视图后，画出该图的俯视图。

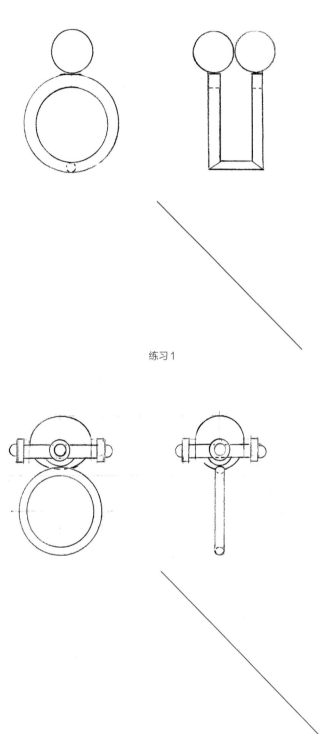

练习1

练习2

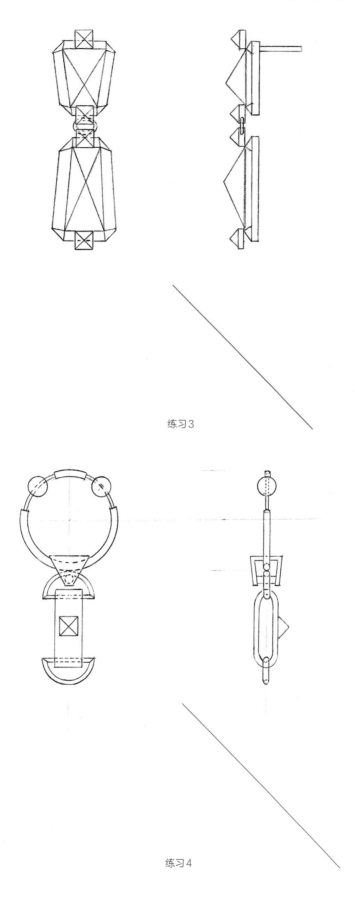

练习3

练习4

第 **4** 章

贵金属手绘彩色效果图详解

贵金属通常指黄金、白银、铂金和钯金4种。在珠宝领域，我们最常用到的是黄金、白金和玫瑰金。
本章我们来学习黄金、白金和玫瑰金的画法。

# 贵金属的色彩表现

## 黄金（Gold）

黄金的整体色调为金黄色，在暗色区有很深的甚至发黑的色调，过渡色偏大地色，详见色板。

| 工具 | 水粉笔、高克重康颂灰色卡纸、水粉颜料 |
|---|---|
| 色板 | 黄金色板 |

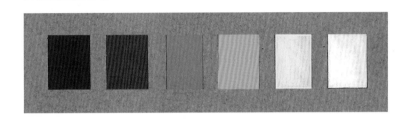

## 白金（Platinum）

白金的色板只有黑色和白色，以及用黑、白调和出来的深浅不一的灰色。切记白金整体的颜色还是亮的，所以在绘画的过程中，一定要避免画得太暗。

| 工具 | 水粉笔、高克重康颂灰色卡纸、水粉颜料 |
|---|---|
| 色板 | 白金色板 |

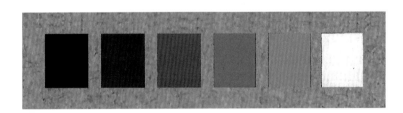

## 玫瑰金（Rose Gold）

玫瑰金颜色偏红，在调色过程中，应稍加大地红色。

| 工具 | 水粉笔、高克重康颂灰色卡纸、水粉颜料 |
|---|---|
| 色板 | 玫瑰金色板 |

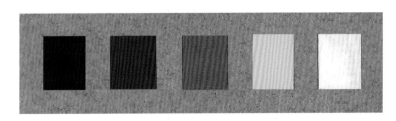

# 平面贵金属的着色规则和技巧

　　我们从最基础的平面形的贵金属着手开始学习贵金属的绘画方法。

　　右图是平面贵金属三视图及光线阐述图。在45°光线下，直接接触到光线的贵金属表面的部分会形成亮面，光源接触不到的区域形成暗面，明与暗之间有一条明显的明暗交界线。金属的光泽特性及光的延展性会在金属上形成反光区，金属的反光会非常强烈。

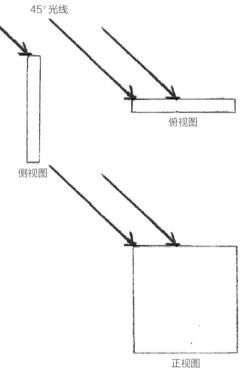

45°光线

俯视图

侧视图

正视图

平面贵金属三视图及光线阐述图

## 平面黄金

### 平面黄金绘制步骤

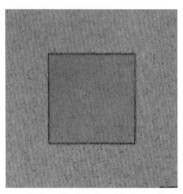

**1** 画出正方形轮廓，然后用K黄金的基础色土黄色将轮廓内的区域涂满。

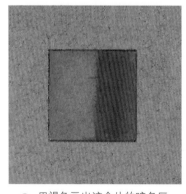

**2** 用褐色画出该金片的暗色区。

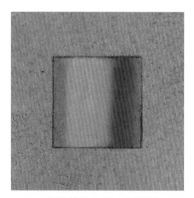

**3** 用P57的黄金色板中的黄色画出金片的过渡色区。

*4* 用浅黄色画出金片的亮色区。

*5* 继续加白色来提亮高光，并用湿润、干净的笔晕开暗色区，使其与过渡色有更自然的过渡。

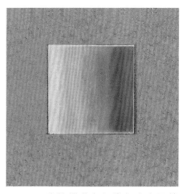

*6* 用浅柠檬黄色细线勾出金属的内轮廓线及高光线。

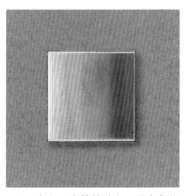

*7* 在上一步的基础上，用白色细线勾出最亮的高光，并用灰色勾出阴影。

**片状拱形黄金**

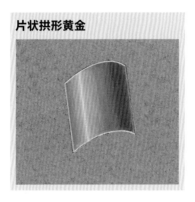

# 平面白金

**平面白金绘制步骤**

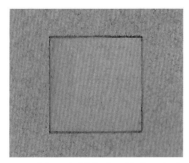

*1* 画出正方形轮廓，然后用白金的基础色灰白色将轮廓内的区域涂满。

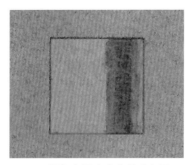

*2* 用深灰色画出金片的暗色区。

*3* 用P57的白金色板中的灰色画出金片的过渡色区。

*4* 用浅灰色画出金片的亮色区。

*5* 在上一步的基础上继续加白色来提亮高光，并用湿润、干净的笔晕开暗色区，使其与过渡色有更自然的过渡。

*6* 用白色细线勾出金属的内轮廓线及高光线。

# 平面玫瑰金

## 平面玫瑰金绘制步骤

*1* 画出正方形轮廓，然后用玫瑰金的基础色浅褐色将轮廓内的区域涂满。

*2* 用深灰色画出金片的暗色区。

*3* 用P57的玫瑰金色板中的灰色画出金片的过渡色区。

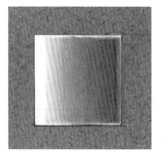

*4* 用浅色画出金片的亮色区。

*5* 继续加白色来提亮高光，并用干净的笔晕开暗色区，使其与过渡色有更自然的过渡。

*6* 用白色细线勾出金属的内轮廓线及高光线，并用灰色画出阴影。

# 立方体形贵金属的着色规则和技巧

我们在下方左图中清晰看到，在45°光线下，光源可以直射的面是整个立方体最亮的一面，光源照射不到的面形成暗色区和阴影。跳过阴影仍然有光的直射，所以在暗面伴有小面积的反射光，形成反射区。在下方右图中有光源但并不是直射光源的面，形成过渡色区，即比亮色区暗，比暗色区亮。

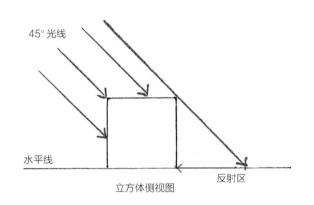

立方体侧视图

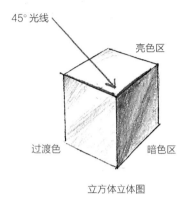

立方体立体图

**立方体绘制说明**

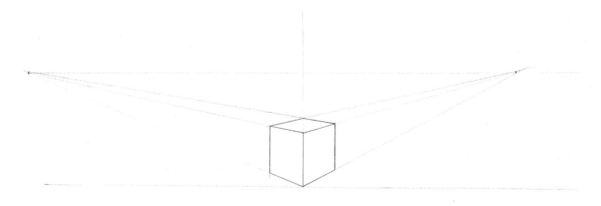

# 黄金立方体

## 黄金立方体绘制步骤

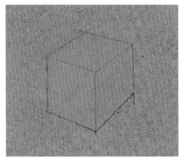

*1* 按示例画出立方体，然后用黄金的基础色土黄色将立方体的表面涂满。

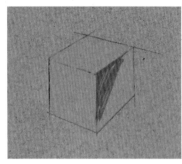

*2* 用深褐色画出暗色区。

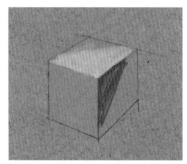

*3* 用柠檬黄画出亮色区。

*4* 用干净湿润的画笔把暗色区和亮色区的颜料晕开，使过渡自然。

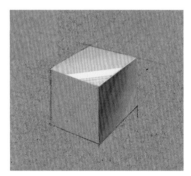

*5* 继续加白色来提亮高光，画出高光线，并在暗色区画出反光。

*6* 用白色细线勾出金属的内轮廓线及高光线，并用灰色勾出阴影。

# 白金立方体

## 白金立方体绘制步骤

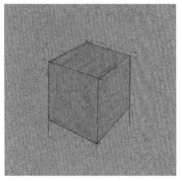

*1* 画出立方体，然后用白金的基础灰色将立方体表面涂满。

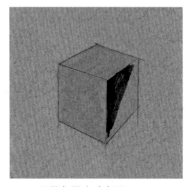

*2* 用黑色画出暗色区。

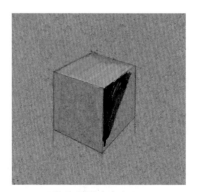

*3* 用浅白色画出亮色区。

*4* 用干净湿润的画笔，把暗色区和亮色区的颜料晕开，使过渡自然。

*5* 继续加白色来提亮高光，画出高光线，并在暗色区画出反光。

*6* 用白色细线勾出金属的内轮廓线及高光线，并用灰色画出阴影。

# 玫瑰金立方体

## 玫瑰金立方体绘制步骤

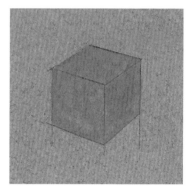
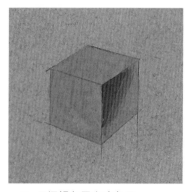
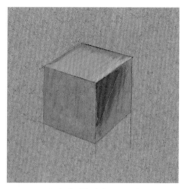

*1* 画出立方体，然后用玫瑰金的基础色浅褐色将立方体的表面涂满。

*2* 用深褐色画出暗色区。

*3* 用白色加基础色画出亮色区。

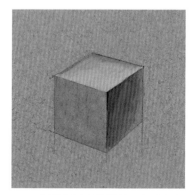

*4* 用湿润干净的画笔，把暗色区和亮色区的颜料晕开，使过渡自然。

*5* 继续加白色来提亮高光，画出高光线，并在暗色区画出反光。

*6* 用白色细线勾出金属的内轮廓线及高光线，并用灰色画出阴影。

# 环形贵金属的着色规则和技巧

在45°光线下，光线直射的点形成高光点，并沿着环形，直到右下角的高光点形成一整个圆。两个高光点是金属环上最亮的两个点。想象环形的横截面是圆形，所以光线照射不到的地方自然形成暗色区。

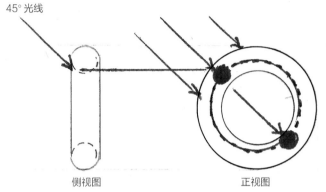

侧视图　　　　　　　　　　　　正视图　　　　　　　　　素描图

环形贵金属二视图及光线阐述图

# 环形黄金

### 1. 圆环形黄金绘制步骤

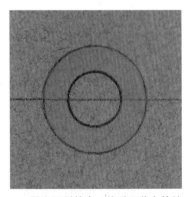
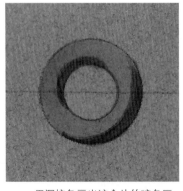

*1* 画出环形轮廓，然后用黄金的基础色土黄色将环形区域涂满。

*2* 用深棕色画出该金片的暗色区。

*3* 用P57的黄金色板中的浅黄色画出环形的亮色区。

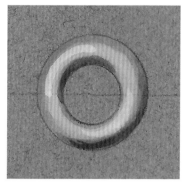

*4* 用过渡色画出过渡区。

*5* 用干净湿润的笔把暗色区、亮色区和过渡区这3个区块晕开,使它们自然融为一体。然后用细线勾出金属环的内轮廓。

*6* 加强亮色区,并用灰色勾出阴影。

## 2. 椭圆形黄金环绘制步骤

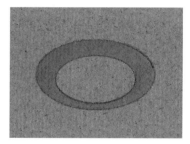

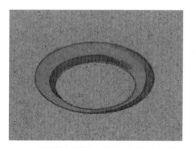

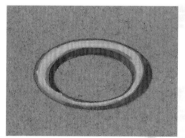

*1* 画出环形轮廓,然后用黄金的基础色土黄色将环形区域涂满。

*2* 用深棕色画出该金片的暗色区。

*3* 用P57的黄金色板中的浅黄色画出环形的亮色区。

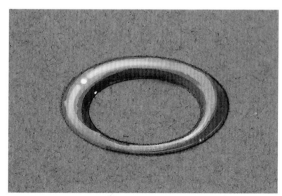

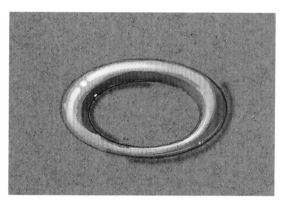

*4* 画出环形的高光。

*5* 用干净的笔把3个区块晕开,使它们自然融为一体。用细线勾出金属环的内轮廓,用灰色画出环形金属的阴影。

# 环形白金

### 椭圆形白金环绘制步骤

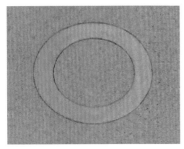

*1* 画出环形轮廓，然后用白金的基础色灰白色将环形区域涂满。

*2* 用黑色画出该白金环的两个暗色区，都在45°光源的对立面。

*3* 用白色加基本色画出环形的两个亮色区。

*4* 用干净湿润的笔把暗色区和亮色区的颜料晕开，使其融合在一起。

*5* 用色板中的亮色继续提亮环形的整体亮色区色调，并用白色细线勾出高光线。

*6* 用灰色画出环形金属的阴影。

# 环形玫瑰金

### 环形玫瑰金绘制步骤

*1* 画出环形轮廓，然后用玫瑰金的基础色浅褐色将环形区域涂满。

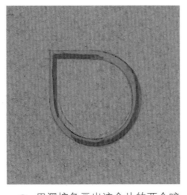

*2* 用深棕色画出该金片的两个暗色区，都在45°光源的对立面。

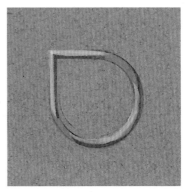

*3* 用白色加基本色画出环形的两个亮色区。

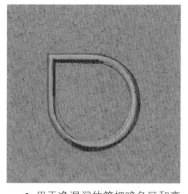

*4* 用干净湿润的笔把暗色区和亮色区的颜料晕开，使其融合在一起。

*5* 在上一步的基础上，更深入地刻画环形金属的细节。

*6* 用色板中的亮色继续提亮环形的整体亮色区色调，并用白色细线勾出高光线。最后用灰色画出环形金属的阴影。

# 线状贵金属的着色规则和技巧

## 线状黄金

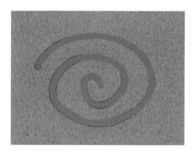
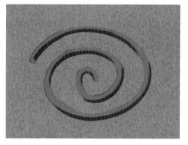
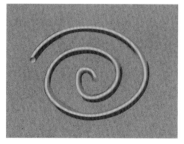

*1* 画出线形线稿后，用黄金基础底色土黄色将金属区域画满。

*2* 用棕色画出线形的暗色区。

*3* 用浅黄色画出金属的亮色区。

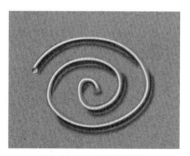

*4* 加深金属的暗色区，提亮金属的亮色区。然后用湿润的、干净的笔把亮色区和暗色区的颜色自然地融合在一起。

*5* 继续深化小细节，用细白线勾出金属的高光线和反光线。

*6* 用灰色画出金属的阴影。

## 线状白金

*1* 画出线形草稿后，用基础色灰白色涂满整个金属表面，然后用黑色画出整条线的暗色区，即45°光源的对立面。

*2* 用白色画出线形的亮色区。

*3* 用灰色画出线形的过渡区。

*4* 用干净湿润的笔把暗色区、亮色区和过渡区的颜料晕开，使它们融合在一起。

*5* 用白色细线勾出线形白金的高光，包括暗色区的内轮廓。

*6* 用灰色画出环形金属的阴影。

## 线状玫瑰金

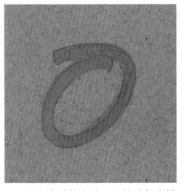

*1* 画出线形草稿后，用基础色浅褐色涂满整个金属表面。

*2* 用褐色画出线形玫瑰金的暗色区。

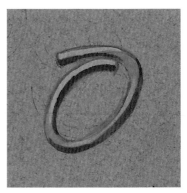

*3* 用白色加基础色画出线形金属的亮色区。

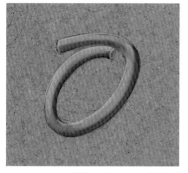

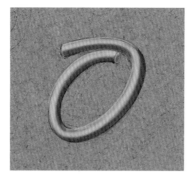

*4* 用干净的笔把暗色区、亮色区和过渡区的颜料晕开，使其融合在一起。

*5* 在上一步的基础上，继续提亮亮色区，并加深暗色区。

*6* 用白色细线画出线形金属的高光和内轮廓，并用灰色画出环形金属的阴影。

# 不同金属戒圈的画法

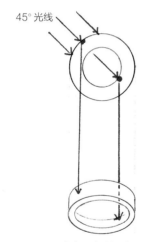

环形贵金属光线阐述图

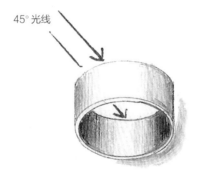

素描图

## 两种方位的金属戒圈的画法

A

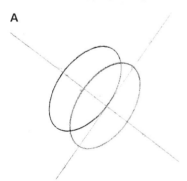

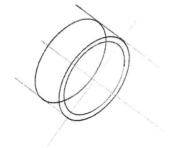

*1* 借助十字直角辅助线画出第一个椭圆，在横轴上向左画出第二个同等大小的椭圆，两个椭圆之间的距离作为戒指的宽度。

*2* 在第一个椭圆内画一个小一点的同心椭圆，这个小椭圆和大椭圆之间的距离是戒指的厚度。

*3* 用直线连接两个大椭圆的两侧，然后擦掉所有的辅助线。

B

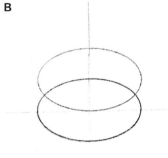
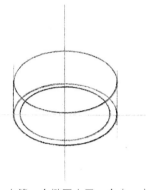
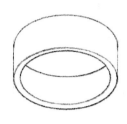

*1* 利用十字直角辅助线画出第一个椭圆，在纵轴向上画出第二个同等大小的椭圆，两个椭圆之间的距离作为戒指的宽度。

*2* 在第一个椭圆内画一个小一点的同心椭圆，这个小椭圆和大椭圆之间的距离是戒指的厚度。

*3* 用直线连接两个大椭圆的两侧，并擦掉所有的辅助线。

# 戒指（一）

### 1.黄金戒圈绘制步骤

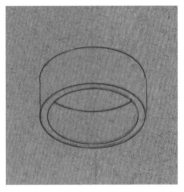
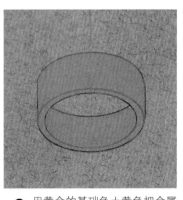
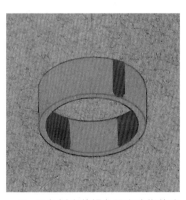

*1* 按照之前讲解的方法画出一枚金属环。

*2* 用黄金的基础色土黄色把金属环表面涂满。

*3* 用色板中的褐色画出戒指的暗色区。

*4* 用色板中的金色画出戒指的过渡区，留出亮色区。

*5* 用柠檬黄画出戒指的亮色区。

*6* 用柠檬黄加白色勾出指环的高光线，并用灰色画出阴影。

## 2. 白金戒圈环绘制步骤

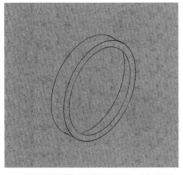

*1* 按照前面讲解的画法画一枚戒圈。

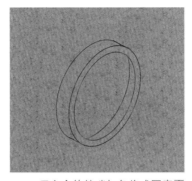

*2* 用白金的基础灰色将戒圈表面涂满。

*3* 用黑色画出该白金环的两个暗色区，都在45°光源的对立面。

*4* 用白色加基础色画出环形的两个亮色区。

*5* 用干净湿润的笔把暗色区和亮色区的颜料晕开，使其融合在一起。

*6* 用色板中的亮色继续提亮环形的整体亮色区的色调，并用白色细线勾出高光线。最后用灰色画出环形金属的阴影。

## 3. 玫瑰金戒圈绘制步骤

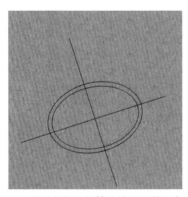

*1* 利用十字直角辅助线画出第1个椭圆，然后画出第2个同心椭圆，要比第1个大一圈，两个椭圆之间的距离是戒指的厚度。

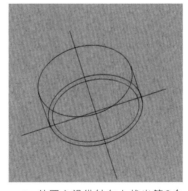

*2* 从圆心沿纵轴向上找出第2个圆心，并画出第3个椭圆，大小与第2个椭圆相同。

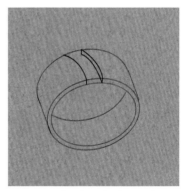

*3* 连接第2个和第3个椭圆的左右端，并擦掉所有辅助线。在戒壁上画出曲线和曲面，曲面的宽度是戒指的厚度。画好后擦掉两条曲线中间的戒壁线，使其呈现戒圈上的图案。

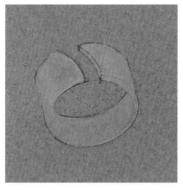

*4* 按色板颜色画出玫瑰金的基础色，并将戒指的表面涂满。

*5* 用色板中的褐色画出戒指的暗色区，即戒壁的两侧和内壁的两侧，也就是45°光线照射不到的地方。

*6* 用白色加基础色画出戒指的亮色区。

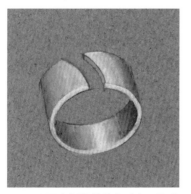

*7* 用干净湿润的笔将暗色区和亮色区的颜色融合在一起，或者直接调色画出戒指的过渡色。

*8* 用白色加褐色继续细致地提亮戒指的亮色区，然后用白色勾出戒指的高光线。

*9* 最后用灰色画出戒指的阴影。

# 戒指（二）

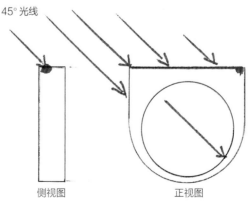

45° 光线

侧视图　　　　　　正视图

平面贵金属二视图及光线阐述图

**黄金戒指绘制步骤**

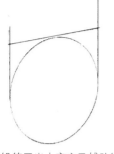 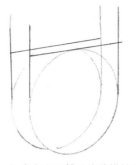 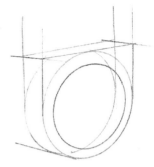

*1* 用铅笔画出十字交叉辅助线，并画出椭圆戒圈。

*2* 沿十字交叉辅助线的横轴向左方画出第二个戒指的外形，并将两个椭圆连上直线，画出戒指的外形。

*3* 在离视觉点近的椭圆中画一个小一些的圆心椭圆形，两个椭圆间的距离是戒指的厚度。擦去多余的辅助线，戒指的线稿就完成了。

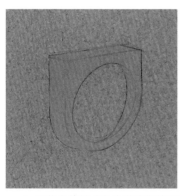 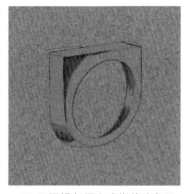 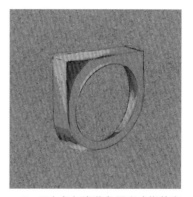

*4* 用黄金的基础色涂满戒指的整个表面。

*5* 用深褐色画出戒指的暗色区，即所有光照射不到的地方。

*6* 用白色加浅黄色画出戒指的亮色区，即光可以照射到的地方。

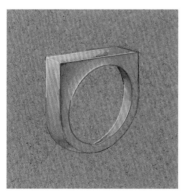 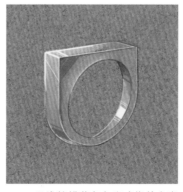 

*7* 用干净湿润的笔把暗色区和亮色区的颜料晕开，使颜色的过渡更加自然。

*8* 用浅柠檬黄色勾出戒指的高光线和内轮廓线。

*9* 用灰色画出戒指的阴影。

# 戒指（三）

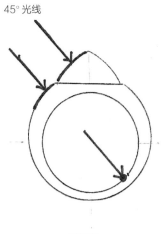

45°光线

正视图
平面贵金属光线阐述图

**1** 根据前面讲解的环形金属的画法，按照上图的辅助线，画出一枚图中所示形状的戒指。

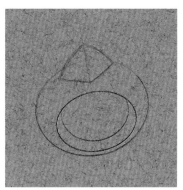

**2** 擦掉所有辅助线，保持干净的线条。

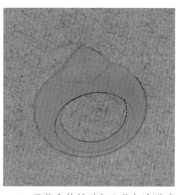

**3** 用黄金的基础色土黄色涂满戒指整个表面。

**4** 用深褐色画出戒指的暗色区，即所有光照射不到的地方。

**5** 用白色加浅黄色画出戒指的亮色区，即光可以照射到的地方。

**6** 用干净的笔把暗色区和亮色区的颜料晕开，让颜色的过渡更加自然。

**7** 用浅柠檬黄色勾出戒指的高光线，以及内轮廓线，并用灰色画出戒指的阴影。

# 戒指（四）

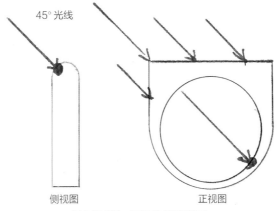

贵金属戒指二视图及光线阐述图

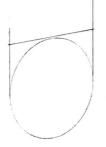

*1* 用铅笔画出戒圈的椭圆形，在戒圈两侧向上画出直线，并用第三条直线连接这两条线。

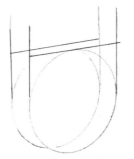

*2* 向左平移合适的距离，用同样方法画出第二个椭圆形。

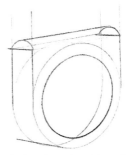

*3* 连接两个图形，并在两端画出圆弧，最后用直线连接两条圆弧的中心点。在大椭圆形中画出同心小椭圆形，作为戒圈内轮廓线。

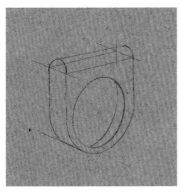

*4* 擦除所有的辅助线。

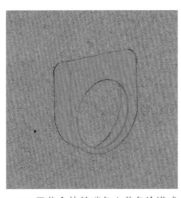

*5* 用黄金的基础色土黄色涂满戒指的整个表面。

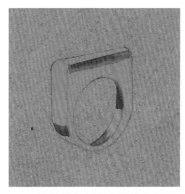

*6* 用深褐色画出戒指的暗色区，即所有光照射不到的地方。

 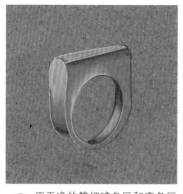 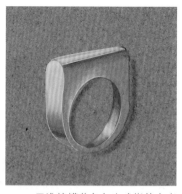

**7** 用白色加浅黄色画出戒指的亮色区，即光可以照射到的地方。

**8** 用干净的笔把暗色区和亮色区的颜料晕开，让过渡更加自然。

**9** 用浅柠檬黄色勾出戒指的高光线和内轮廓线，并用灰色画出戒指的阴影。

# 戒指（五）

　　与其他珠宝相同，光线可以直射的地方是高光点。要注意的是，此戒指的外形是圆弧形，光是随着圆弧的形状逐渐消失的，请看下面的示例。

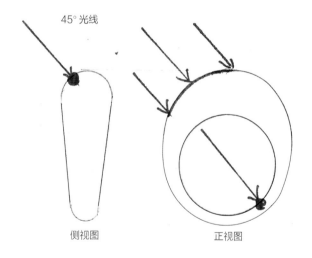

45°光线

侧视图　　　　正视图

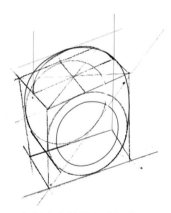

**1** 根据本章前面所讲解的环形金属的画法，按照上图的辅助线，画出一枚圆环戒指的线稿，并擦去辅助线。

*2* 用黄金的基础色土黄色涂满戒指的整个表面。

*3* 用深褐色画出戒指的暗色区，即光照射不到的地方。

*4* 用白色加浅黄色画出戒指的亮色区和反光区。

*5* 用干净的笔把暗色区和亮色区的颜料晕开，让颜色的过渡更加自然。

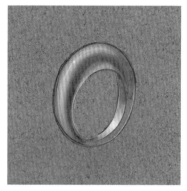

*6* 用浅柠檬黄色勾出戒指的高光线，包括反光区的高光线和内轮廓线。

*7* 用深色线条整理戒指的轮廓，最后用灰色画出戒指的阴影。

# 戒指（六）

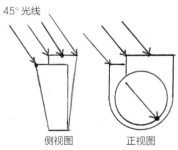

45°光线

侧视图　　正视图
贵金属戒指二视图及光线阐述图

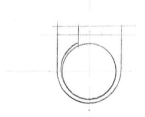

*1* 从侧视图中可以看出，戒顶两侧前后错开，造型现代。用铅笔轻轻勾出十字交叉辅助线，找到圆心，画出戒圈和戒顶，然后根据戒指前后错开的视觉差，画出戒顶的高低线。随后向左上方画出厚度辅助线，拷贝出与之前一样的戒指轮廓。最后勾出代表厚度的线条，并用橡皮擦掉多余的辅助线。

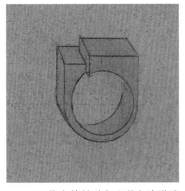

*2* 用黄金的基础色土黄色涂满戒指的整个表面。

*3* 用深褐色画出戒指的暗色区。

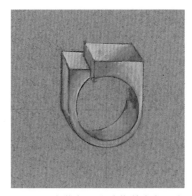

*4* 用浅黄色画出戒指的亮色区和反光区。

*5* 用干净的笔把暗色区和亮色区的颜料晕开，让颜色的过渡更加自然。

*6* 用浅黄色提亮戒指的亮色区，并勾勒内轮廓线，同时加深比较深的暗色区。

*7* 勾出戒指的高光线，再用深色线条整理戒指的轮廓线。最后用灰色画出戒指的阴影。

# 戒指（七）

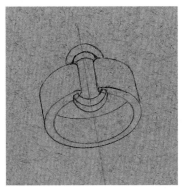

*1* 根据透视规则，用铅笔画出底稿，并擦去辅助线。

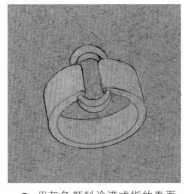

*2* 用灰色颜料涂满戒指的表面，用黑色画出戒指的暗色区。

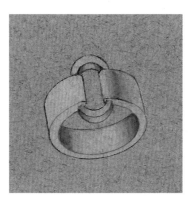

*3* 用干净湿润的笔把暗色区和基础色调的颜料晕开，使其中间色调向亮色区自然过渡。

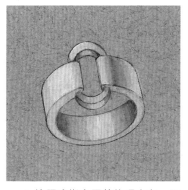

*4* 按照戒指金属的纹理走向，用白色画出亮色区和反光区。

*5* 继续添加白色，提亮戒指的亮色区。同时加深暗色区，使黑白对比明显，增强戒指的金属质感。

*6* 用白色勾出高光线，整理轮廓线，最后用灰色勾出阴影。

# 戒指（八）

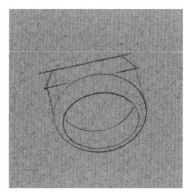

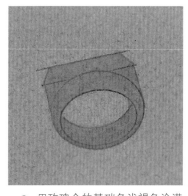

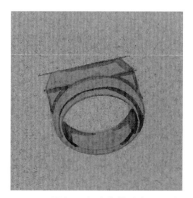

*1* 根据透视规则，用铅笔画出底稿，并擦去辅助线。

*2* 用玫瑰金的基础色浅褐色涂满戒指表面。

*3* 用褐色画出戒指的暗色区，留出反光区不画。

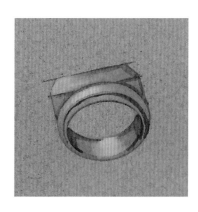

*4* 用玫瑰金的亮色颜料画出戒指的亮色区和反光区。

*5* 用湿润并且干净的笔把亮色区、反光区和暗色区的颜料晕开，形成自然的过渡。

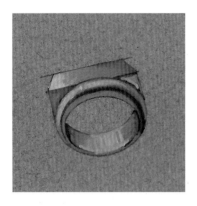 

**6** 再一次提亮亮色区，同时加深暗色区，使颜色更加饱和。

**7** 用白色勾出高光线，整理轮廓线，最后用灰色勾出阴影。

# 丝带形贵金属画法

仔细观察丝带形贵金属的光影变化，会发现光影会根据金属的纹理结构和形状的变化而变化，如下图中的a、b、c 3个点，充分地展现出光是随着金属丝带形状的变化而变化的，而且光影走向是横向的而不是纵向的。同样的，45°光线照射到的位置是亮色区，照射不到的地方是暗色区，反射光照射到的位置即是反光区。

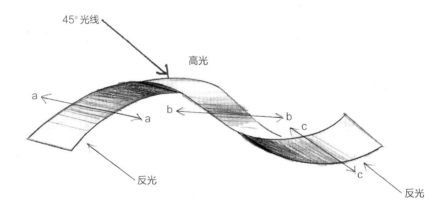

# 黄金丝带的画法

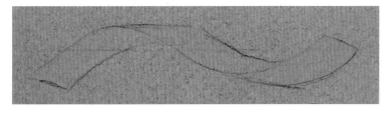

*1* 用铅笔画出丝带的线条，并用黄金的基础色土黄色将整个表面涂满。

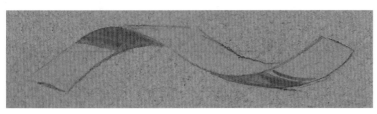

*2* 根据之前所学的光影变化原则，找出丝带的暗色区，并用色板中的褐色画出丝带的暗色区。

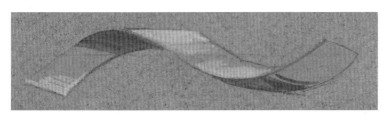

*3* 找到光源可以直接照射的亮色区，并用黄金的亮色颜料画出亮色区，最后稍稍勾勒反光区。

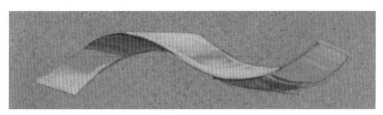

*4* 用干净的、湿润的画笔将暗色区和亮色区的颜色自然融合。

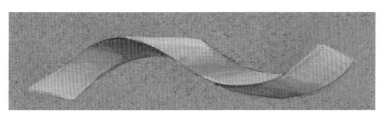

*5* 继续提亮亮色区的颜色，加深暗色区的暗度，更加详细地画出金属丝带的质感。

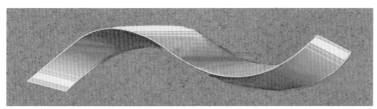

*6* 用黄金的高光色画出横向的高光线，用较深的褐色线条勾勒出金属丝带的外轮廓线，并用细细的亮色线条勾勒出金属丝带的厚度。

*7* 用细白线继续画高光线，并用灰色画出阴影。

## 白金丝带的画法

**1** 用铅笔画出丝带的线条，并用白金的基础色灰白色将整个表面涂满。

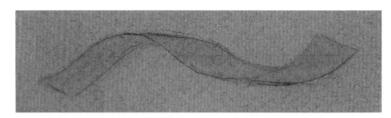

**2** 根据之前所学光影的变化原则，找出丝带的暗色区，并用黑色画出丝带的暗色区。

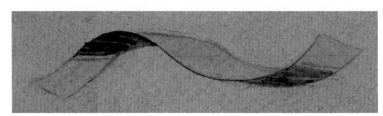

**3** 找到光源可以直接照射的亮色区，并用白金的亮色颜料画出亮色区，最后稍稍勾勒反光区。

**4** 用干净的、湿润的画笔将暗色区和亮色区的颜色自然融合。

**5** 继续提亮亮色区的颜色，加深暗色区的暗度，更加详细地画出白金丝带的质感。

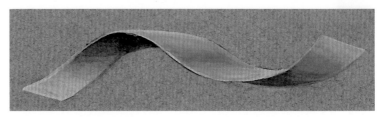

**6** 用白金的高光色画出横向的高光线，用黑色线条勾勒出金属丝带的外轮廓线，并用细细的白色线条勾画金属丝带的厚度。

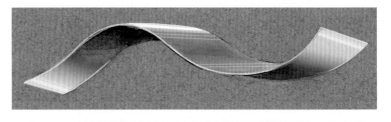

**7** 用细白线继续画高光线，并用灰色画出阴影。

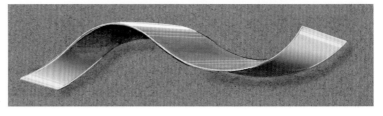

# 玫瑰金丝带的画法

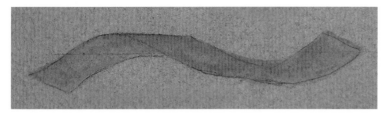

**1** 用铅笔画出丝带的线条，并用玫瑰金的基础色浅褐色将整个表面涂满。

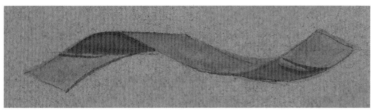

**2** 根据之前所学的光影变化原则，找出丝带的暗色区，并用色板中的褐色画出丝带的暗色区。

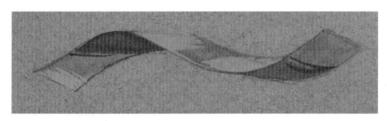

**3** 找到光源可以直接照射的亮色区，用玫瑰金的亮色颜料画出亮色区，最后稍稍勾勒反光区。

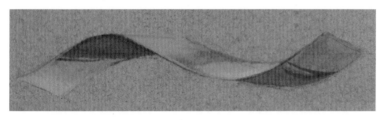

**4** 用干净且湿润的画笔，将暗色区和亮色区的颜色自然融合。

**5** 继续提亮亮色区的颜色，加深暗色区的暗度，更加详细地画出金属丝带的质感。

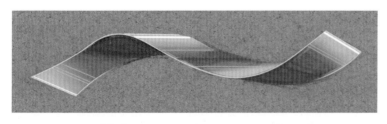

**6** 用玫瑰金的高光色画出横向的高光线，用较深的砖红色线条勾勒出金属丝带的外轮廓线，并用细细的亮色线条勾出金属丝带的厚度。

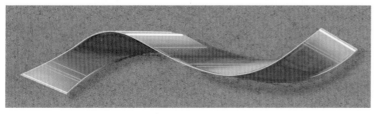

**7** 用细白线继续画高光线，并用灰色画出阴影。

# 麻花形贵金属画法

麻花形贵金属的画法和环形金属画法的原理一样。金属环的横截面为圆形或椭圆形，麻花形贵金属也是由横截面为圆形或椭圆形的线形金属拧成的。

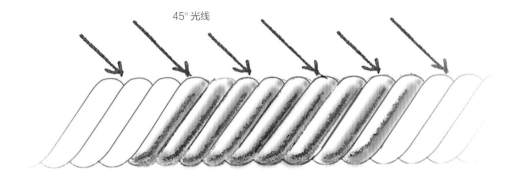

45°光线

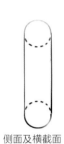

侧面及横截面

## 黄金麻花绳的画法

*1* 用铅笔画出麻花形线条，并用黄金的基础色土黄色将整个金属表面填满。

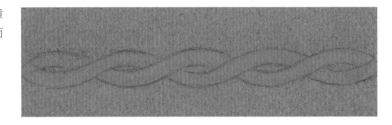

*2* 找出暗色区，即光线照射不到的区域，并用金色的暗色颜料褐色将暗色区画出来。

*3* 所有光线可以照射到地方就是亮色区，用金色的亮色颜料将亮色区画满。

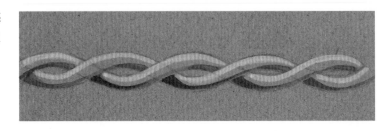

*4* 用干净的笔，将暗色区和亮色区的颜色自然地融合在一起，或者用金色的过渡色将两个区域的颜色融合在一起。

*5* 继续用加白的颜料提亮金属的亮色区，并加深褐色的暗色区，使两个区域形成强烈的明暗对比。

*6* 用白色细线勾出金属的高光线和内轮廓线，并用灰色颜料画出金属的阴影。

**反方向麻花形金色金属：**

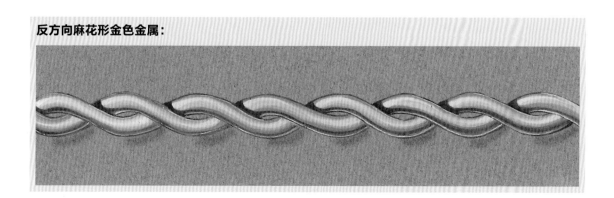

# 白金麻花绳的画法

**1** 用铅笔画出麻花形线条，并用白金的基础色灰白色将整个白金的表面填满。

**2** 找出图中的暗色区，即光线照射不到的区域，并用白金色的暗色颜料黑色，将暗色区画出来。

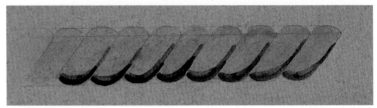

**3** 所有光线可以照射到地方就是亮色区，用白金色的亮色颜料将亮色区画满。

**4** 用干净且湿润的笔，将暗色区和亮色区的颜色自然地融合在一起，或者用白金色的过渡色（基础色）将两个区域的颜色融合在一起。

**5** 继续用加白色的颜料提亮金属的亮色区，并加深暗色区，使两个区域形成强烈的明暗对比。

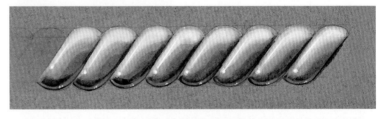

**6** 用白色细线勾出金属的高光线和内轮廓线，并用灰色颜料画出金属的阴影。

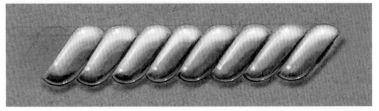

**其他白金色麻花绳：**

# 玫瑰金麻花绳的画法

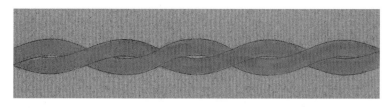

*1* 用铅笔画出麻花形线条,并用玫瑰金的基础色浅褐色将整个金属表面填满。

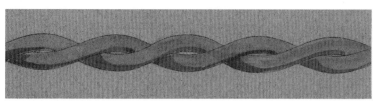

*2* 找出图中的暗色区,即光线照射不到的区域,并用玫瑰金色的暗色颜料将暗色区画出来。

*3* 亮色区是所有光线可以照射到地方,用玫瑰金色的亮色颜料将亮色区画满。

*4* 用干净且湿润的笔,将暗色区和亮色区的颜色自然地融合在一起,或者用玫瑰金色的过渡色(基础色)将两个区域融合在一起。

*5* 继续用加白的颜料提亮金属的亮色区,并加深暗色区,使两个区域形成强烈的明暗对比。

*6* 用白色细线勾出金属的高光线,以及内轮廓线,并用灰色颜料画出金属的阴影。

**其他玫瑰金色麻花绳:**

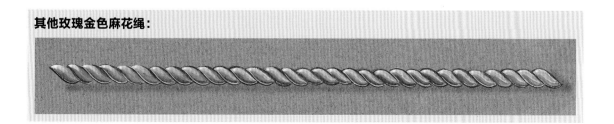

# 球形贵金属画法

## 白金球形贵金属的画法

　　球形贵金属的画法只用白色和黑色两色即可，这样可以对比强烈，这也是球形贵金属的特点。

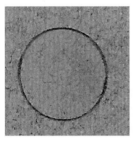

**1** 用铅笔打稿，画出一个圆，并用白金的基础色灰白色将其涂满。

**2** 用纯黑色画出球形的暗色区，留出反光区不画。

**3** 用白色画出球形的亮色区。

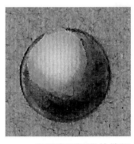

**4** 用干净且湿润的笔把亮色区和暗色区的颜色自然地融合在一起。

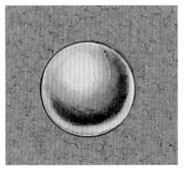

**5** 用白色继续提亮亮色区和反光区。反光区和暗色区要形成强烈对比，所以不需要中间色调的融合。

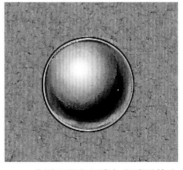

**6** 分别用黑白细线勾出球形的内外轮廓线。用白色点出球形的高光点。

**7** 继续细致地修整画面，可用白色的点在暗色区点出一两个亮点，最后用灰色画出阴影。

## 黄金球形贵金属的画法

*1* 用铅笔打稿，画出一个圆形，并用金色的基础色土黄色涂满圆形。

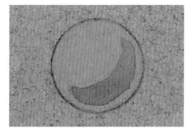

*2* 用金色的暗色颜料画出球形的暗色区，留出反光区不画。

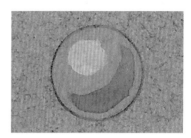

*3* 用金色的亮色颜料画出球形的亮色区。

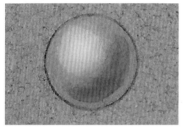

*4* 用干净且湿润的笔把亮色区和暗色区自然地融合在一起。

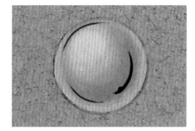

*5* 继续提亮亮色区和反光区，然后用深色颜料画线状线条，加强金属的效果。

*6* 分别用黑白细线勾出球形的内外轮廓线。然后用白色点出球形的高光点。最后画出金属球的阴影。

## 玫瑰金球形贵金属的画法

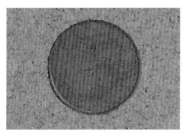

*1* 用模板尺画出一个圆形，并用玫瑰金的基础色浅褐色涂满圆形。

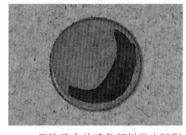

*2* 用玫瑰金的暗色颜料画出球形的暗色区，留出反光区不画。

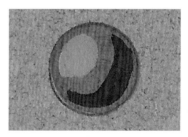

*3* 用玫瑰金的亮色颜料画出球形的亮色区。

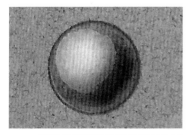

*4* 把亮色区和暗色区的颜色自然地融合在一起，并提亮高光区。

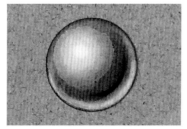

*5* 继续提亮亮色区和反光区，并修饰金珠的外轮廓线。

*6* 用白色点出球形的高光点和反光区的小亮点，最后画出金属球的阴影。

# 贵金属链

## 环形链

　　环形金属链是由金属环组成的，所以与之前学过的金属环的画法一样，横截面都是圆形。但是需要注意的是，每个环相连接处的光影变化和画法。

1 首先画出水平辅助中线，用铅笔画出图中环形链的基础轮廓，注意每个环之间的距离要相等。

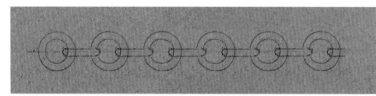

2 用白金的基础色灰白色将环形链的表面涂满。

3 用黑色画出每个环的暗色区，并留出反光区。

4 用白色画出每个环的亮色区。

5 用干净且湿润的笔将暗色区和亮色区的颜色自然融合在一起。

6 继续用白色提亮亮色区，并画出反光区以及环与环接触的区域的阴影。最后用黑色细线再次整理环形链的轮廓，用白线勾出环形链的内轮廓。

7 用白色勾出每个环形金属的高光线，并画出整体阴影。

# 八字形链

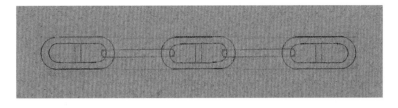

*1* 画出水平辅助中线，用铅笔画出图中环形链的基础轮廓，注意每个环之间的距离要相等。

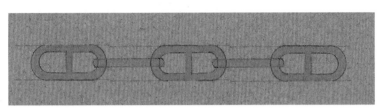

*2* 用黄金的基础色土黄色将链的表面涂满。

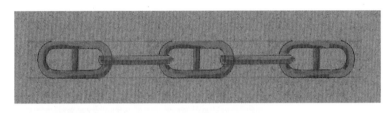

*3* 用褐色画出每个环的暗色区，并留出反光区。

*4* 用浅黄色画出每个环的亮色区。

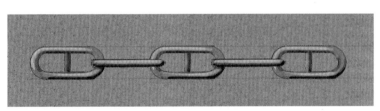

*5* 用湿润的、干净的笔将暗色区和亮色区的颜色自然融合在一起，并加深暗色区的颜色。

*6* 用更亮的浅黄色提亮亮色区，并画出反光区，以及环与环接触的区域的阴影。

*7* 用浅柠檬黄色勾出环的内轮廓，用白色勾出每个环形金属的高光线，并画出整体阴影。

# 扁形链

1 画出水平辅助中线，用铅笔画出第一组环形的轮廓，然后可用硫酸纸描出第二组环形的轮廓。

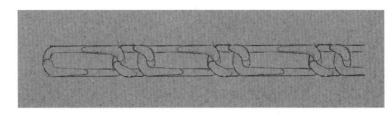

2 用白金的基础色灰白色将链的表面涂满。

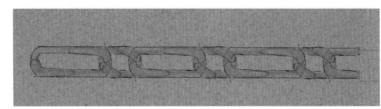

3 用黑色画出每个环的暗色区，并留出反光区。

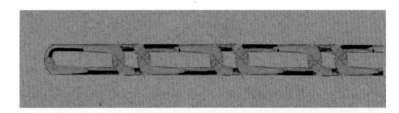

4 用白色画出每个环的亮色区。

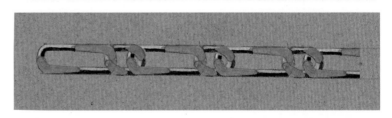

5 用湿润的、干净的笔将暗色区和亮色区的颜色自然融合在一起，并加深暗色区的颜色。

6 用饱和度高的白色提亮亮色区，并画出反光区，以及环与环接触的区域的阴影。

7 继续修正画面，用纯黑色修饰外轮廓线，用白色继续勾出每个环的高光线，最后画出整体的阴影。

# 波浪形链

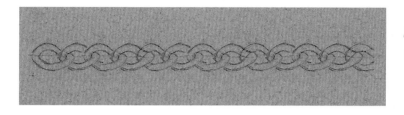

*1* 画出第一个环形轮廓后，用硫酸纸复制画出若干个环，注意每个环之间的距离。

*2* 用黄金的基础色土黄色将链的表面涂满。

*3* 用褐色画出每个环的暗色区，并留出反光区。

*4* 用浅黄色画出每个环的亮色区。

*5* 用干净且湿润的笔将暗色区和亮色区的颜色自然融合在一起，并用亮黄色提亮亮色区。

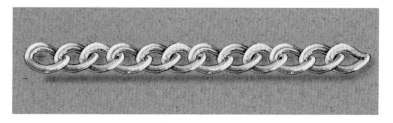

*6* 用更亮的浅柠檬黄色画出高光线和反光区，用深色勾出环与环接触的区域的阴影。继续修饰外轮廓线，最后用灰色画出阴影。

## 咖啡链

**1** 首先画出水平辅助中线，用铅笔画出第一节环的轮廓，然后用硫酸纸复制描出后面的环。

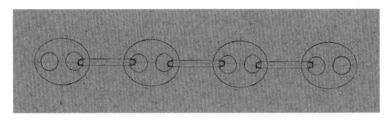

**2** 用白金的基础色灰白色将链的表面涂满。

**3** 用黑色画出每个环的暗色区，并留出反光区。

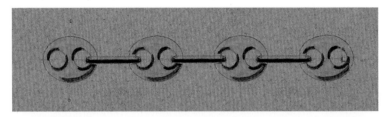

**4** 用白色画出每个环的亮色区。

**5** 用干净且湿润的笔将暗色区和亮色区的颜色自然融合在一起，并加深暗色区的颜色。

**6** 用饱和度高的白色提亮亮色区，并画出反光区，以及环与环接触的区域的阴影。

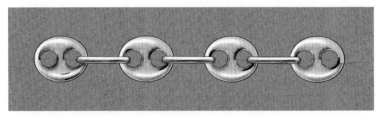

**7** 继续修正画面，用纯黑色修饰外轮廓线，用白色继续勾出每个环的高光线，最后画出整体的阴影。

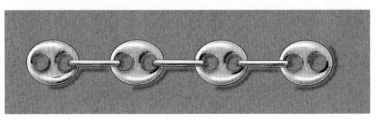

# 花式链

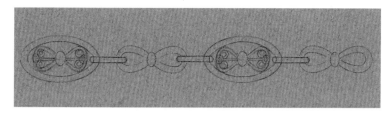

*1* 画出第一个环形轮廓后，用硫酸纸复制画出第二个环，注意环之间的距离。

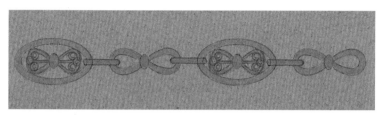

*2* 用黄金的基础色土黄色将链的表面涂满。

*3* 用褐色画出每个环的暗色区。

*4* 用浅黄色画出每个环的亮色区。

*5* 用干净且湿润的笔将暗色区和亮色区的颜色自然融合在一起，并用亮黄色提亮亮色区。

*6* 用更亮的浅黄色进一步提亮亮色区，并画出反光区，以及环与环接触的区域的阴影。

*7* 用浅柠檬黄和白色勾出每个环形金属的高光线，用深色线条修饰外轮廓线，最后画出整体的阴影。

# 蛇链

**1** 画出两条平行直线，然后用玫瑰金的基础色浅褐色为链上色，其中亮色区可用薄颜料涂。

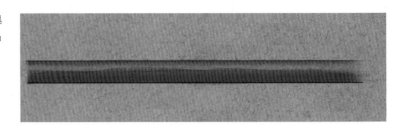

**2** 用加了白色的玫瑰金的基础色浅褐色画出蛇链的亮色区。

**3** 连续加白色提亮蛇链的高光线。

**4** 画出蛇链的花纹线，每条花纹由深浅两种颜色的线组成。

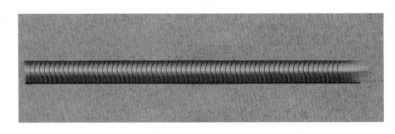

**5** 再继续加深蛇链的暗色区，提亮高光区，并进行最后的整理，完成绘制。

# 不同纹理贵金属画法

## 黄金敲打纹理的绘画方法

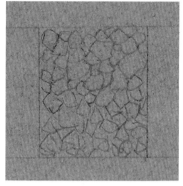

*1* 用铅笔打稿，画出正方形和不规则的纹理图案。

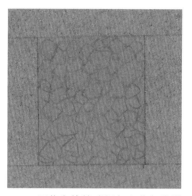

*2* 用黄金的基础颜色土黄色涂满整个正方形金属片。

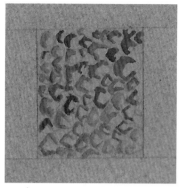

*3* 分析被敲打的纹理是凹进去的类似浅坑的造型。用黄金的暗色颜料画出每个被敲打的纹理的暗色区。

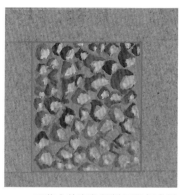

*4* 用黄金的亮色颜料画出每个被敲打的纹理的亮色区。

*5* 用细线来修饰每个纹理的轮廓线，使其效果更加明显。

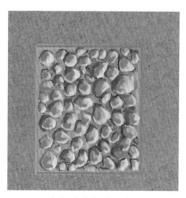

*6* 用亮色继续提亮亮色区，并稍修整纹理的中间色调。

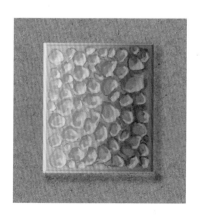

*7* 用薄颜料画出整个方形金属片的受光效果，最后画出阴影。

## 雕刻纹理的绘画方法

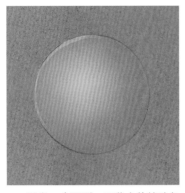

*1* 画出一个圆形，用黄金的基础色
土黄色将圆形填满，并画出半球金
属的光影变化。

*2* 用暗色颜料画出一个想雕刻的
图案。

*3* 用亮色颜料沿着上一步中的暗
色线条画出雕刻图案的亮色线条。

*4* 提亮高光区的线条，提亮金属
半球的外轮廓线和反光线，然后
规范外轮廓线。

*5* 修整画面，点出高光点，最后
用灰色画出阴影。

## 拉丝效果的绘画方法

*1* 画出一个椭圆形轮廓，并用黄金
的基础色土黄色将椭圆形填满。

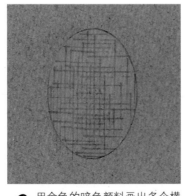

*2* 用金色的暗色颜料画出多个横
向和纵向的直线。

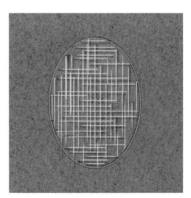

*3* 用金色的亮色颜料画出每根线
条对应的亮色线条。

*4* 用白色的薄颜料画出整个椭圆
形金属片的受光效果。

*5* 整理画面，最后用灰色画出阴影。

## 浮雕效果的绘画方法

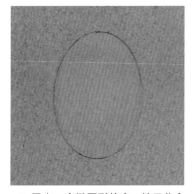

*1* 画出一个椭圆形轮廓，并用黄金
的基础色土黄色将椭圆形填满。

*2* 用铅笔勾出浮雕的图案，用
金色的暗色颜料画出图案的暗
色区。

*3* 用金色的亮色颜料画出图案的
亮色区和反光区。

*4* 用干净且湿润的笔将暗色区和
亮色区的颜色自然地融合在一起，
用亮色颜料勾出椭圆金属片的亮色区。

*5* 继续提亮椭圆金属片的亮色区，
加深暗色区，并用细线条勾出内
外轮廓。

*6* 继续修整画面，提亮浮雕的高
光，画出点状高光及反光区的一
些小细节，最后画出整体的阴影。

## 铆钉贵金属的画法

# 羽毛贵金属画法

## 白金羽毛

**1** 将白金羽毛的表面涂上基础底色。

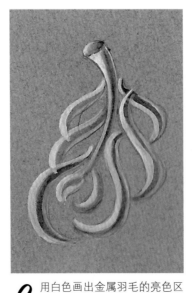

**2** 用白色画出金属羽毛的亮色区和反光区。

**3** 深入刻画每一根羽毛的明暗交界线。

*4* 继续深入刻画每一根羽毛的中间
过渡色调，并开始整理外轮廓线。

*5* 仔细描绘羽毛的亮色调，用白
色勾出高光。

*6* 整理画面，更详细地刻画羽毛
的层次，让羽毛更加立体，最后用
灰色画出阴影。

## 黄金羽毛

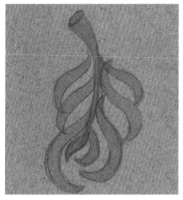

*1* 将羽毛涂上黄金的基础底色。

*2* 分别勾出金属羽毛的明暗面。

*3* 用干净且湿润的画笔将明暗区
域的颜色稍稍晕开，形成较自然
的过渡。

*4* 继续加深羽毛的明暗交界线，
提亮羽毛的亮色区，整理羽毛的
外轮廓线。

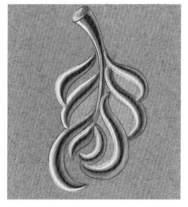

*5* 用较亮的颜色勾出羽毛的高光
和反光。

*6* 整理画面，深入刻画细节，让
羽毛看起来更加立体，最后用灰
色画出阴影。

## 玫瑰金羽毛

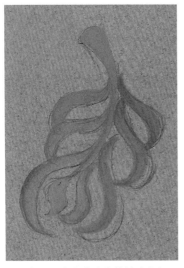

*1* 将羽毛涂上玫瑰金的基础底色。

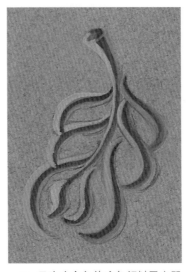

*2* 用玫瑰金色的暗色颜料画出羽毛的暗色区，注意预留出金属羽毛反光的区域。

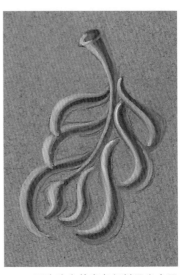

*3* 用玫瑰金的亮色颜料画出金属羽毛的亮色区及反光区。

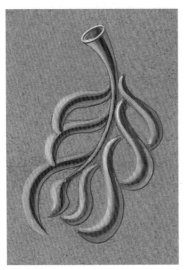

*4* 继续加深羽毛的明暗交界线，提亮羽毛的亮色区，整理羽毛的外轮廓线。

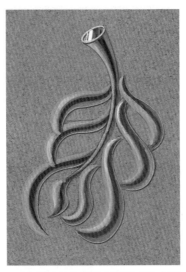

*5* 用较亮的颜色勾出羽毛的高光和反光。

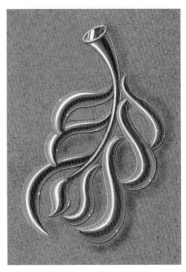

*6* 整理画面，深入刻画细节，让羽毛看起来更加立体，最后用灰色画出阴影。

# 贵金属翅膀的画法

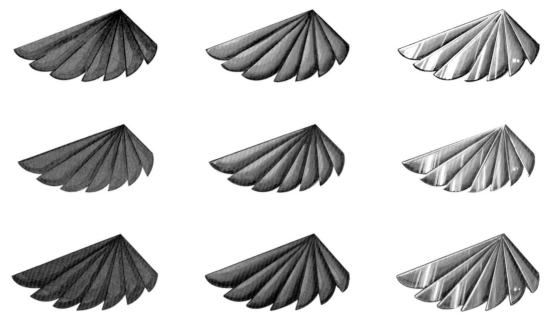

*1* 先画出金属的基础色，然后用金属的深色颜料画出金属造型的暗色区。

*2* 用金属的亮色颜料画出其造型的亮色区和反光区。

*3* 深入刻画细节，最后用亮色线条勾出金属造型的高光。

在实际设计和绘画过程中，我们还会遇到14K黄金、9K黄金和红金等贵金属，它们的颜色和前面所讲的案例不同，只需运用本书中所讲的绘画方法，按照实物需求进行调色即可。比如，黄金的基础色为土黄色，9K黄金的基础色是淡黄色，玫瑰金的基础色为淡褐色，红金的基础色要比浅褐色更红，所以在绘画过程中白色和褐色的比例一定要掌握好。

# 贵金属课后练习

用硫酸纸把下图拷贝到深色卡纸上，然后用贵金属的表现方式画出这条丝带。

第 **5** 章

# 全面认识宝石及其工艺

# 宝石切割的种类

　　在表现珠宝创意的同时，要明确作品中主石和辅石的大小，以及形状和镶嵌方式。对设计师而言，全面地了解宝石切割的种类是珠宝设计中最基本的课题。对宝石切割的方式和种类了如指掌，才能更巧妙地结合宝石去表现珠宝设计的创意。

## 弧面形切工

　　弧面形切工又称"素面形"切工或"蛋面形"切工，它的特点是宝石至少有一个弯曲面，多用于不透明、透明度差或具有特殊光学效果的宝石。常见的弧形切工宝石的形状有圆形、椭圆形和水滴形等，按突起的高度分为低凸、中凸和高凸（馒头形）。常见的弧面形切割的有玉石、绿松石、青金石、孔雀石、欧泊和猫眼等。

## 刻面形切工

　　刻面形切工指外轮廓由若干组小平面围成的多面体形切工，是透明宝石普遍采用的加工形式。刻面形切工对宝石的要求比较高，通常选择净度较高的透明原石。刻面宝石由冠部（顶部）和亭部（底部）组成，腰是宝石顶部和底部的分界，它决定了刻面宝石的正面轮廓和最大尺寸规格。在比例合理的宝石中，腰部通常占整个宝石高度的2%。

　　刻面切工的种类多样，刻面切工包括圆形（Round），椭圆形（Oval），水滴形/梨形（Pear），垫形（Cushion），马眼/橄榄形（Marquise），公主方形（Princess），心形（Heart），祖母绿形（Emerald），雷帝恩/八方形（Radiant），长方形和梯形（Baguettes），三角形（Trillion）。

# 切割宝石的结构

## 弧面形宝石切工的结构

### 外形（俯视图）

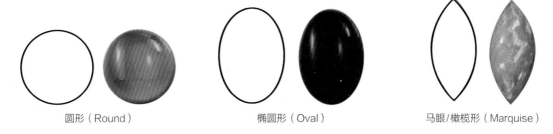

圆形（Round）　　　　椭圆形（Oval）　　　　马眼/橄榄形（Marquise）

　　除了传统的圆形和椭圆形，常见的弧面形宝石也会根据宝石原石的特点切割成随形弧面、糖面包山形（Sugar-loaf）和水滴形等。

水滴/梨形（Pear）　　　糖面包山（Sugar-loaf）　　　随形弧面

### 结构（侧视图）

平凸形　　　　高凸形　　　　高凸（馒头）形　　　　双凸形　　　　弧面翻面形

　　在绘制此类宝石时，应了解宝石的结构特征。首先画出整体轮廓，再根据它的结构特点和规律来画出它的细节。例如，同样颜色的两颗弧面宝石，高凸形弧面的颜色一定比平凸形弧面的颜色要深，这是由宝石的厚度也就是结构特征决定的。弧面宝石的高光也会根据宝石凸起的高度不同而不同。详细着色方法见6.1节。

# 刻面宝石切工的结构

### 1. 圆形

圆形切工是最常见的切工方式。圆形切工最大限度地利用光的折射，曝光了宝石的火彩。圆形切工的标准切面有58个。

### 圆形切工切割线画法

❶ 用模板尺画出宝石的外轮廓作为腰线。

❷ 按比例用模板尺画出台面，台面通常是腰围的53%~57%。

❸ 在腰线和台面的距离间找到中心点，并画出通过该点的同心圆形辅助线。

❹ 找到圆形的圆心，并画出米字形辅助线，将米字辅助线与内圆的8个交点相连，形成台面。

❺ 按图中样式，继续画交叉辅助线，并根据圆形切工的切割线特点把辅助线上的交点连成切割线。

❻ 擦掉所有辅助线，圆形切工的切割线就画好了。

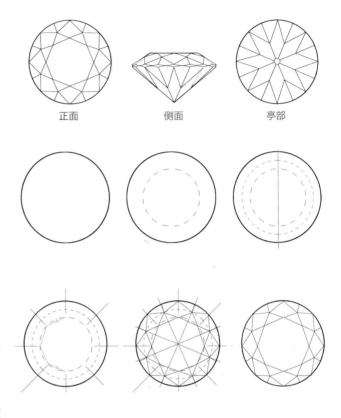

正面　　　　　　侧面　　　　　　亭部

### 2. 椭圆形

椭圆形切工是继圆形切工后又一普遍应用的切工。椭圆形切工最完美的比例是1：5：1。

### 椭圆形切工切割线画法

❶ 用模板尺画出宝石的外轮廓作为腰线。

❷ 按比例用模板尺画出台面。

❸ 在腰线和台面间的距离上找到中点，并画出通过该点的同心椭圆形辅助线。

❹ 找到椭圆形的圆心，并画出米字形辅助线，将米字辅助线与内圆的8个交点相连，形成台面的切割线。

❺ 按图中样式，继续画交叉辅助线，根据规则，连接各个辅助线上的交点。

❻ 擦掉所有的辅助线，椭圆形切工的切割线就完成了。

正面　　　　　　侧面　　　　　　亭部

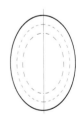

### 3. 梨形/水滴形

梨形切工同样拥有58个切面，是椭圆形切工和橄榄形切工的结合体。

正面　　　　侧面　　　　亭部

### 梨形切工切割线画法

❶ 按图中样式用圆形和两条对称曲线画出梨形轮廓，或者直接用模板尺画出宝石的外轮廓。

❷ 按比例画出等比例缩小的梨形的台面。

❸ 在外轮廓和台面间的距离上找到中点，再通过该点画出一个梨形辅助线。

❹ 找到椭圆形的圆心，并画出米字形辅助线，将米字辅助线与内椭圆的8个交点相连，形成台面。

❺ 按图中样式，继续画相交辅助线，根据规则，连接各个辅助线上的交点。

❻ 擦掉所有辅助线，梨形切工的切割线就完成了。

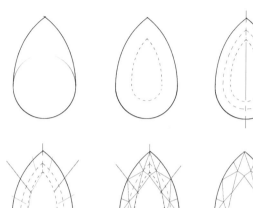

### 4. 垫形

垫形钻石因外形像靠垫而得名。它有多种形状，包括圆角正方形和拉长矩形。形状不同，钻石的长宽比也不同。最常见的垫形钻石是4个角为圆角的形状，特点是刻面大，表面异常光亮。其外形是矩形的，长宽比在1.1∶1到1.2∶1之间的视觉效果最好。

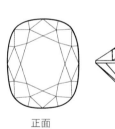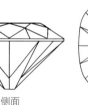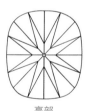

正面　　　　侧面　　　　亭部

### 垫形切工切割线画法

❶ 用模板尺画出宝石的外轮廓，作为腰线。

❷ 按比例用模板尺画出台面。

❸ 在腰线和台面间的距离上找到中点，并画出垫形辅助线。

❹ 找到垫形的中心点，画出8条辅助线把垫形周长平均分成16份，将交叉辅助线与内圆相交的交点相连，形成台面的切割线。同理，依次勾出其他切割面。

❺ 按图中样式，根据垫形切工的切割线特点把辅助线上的交叉点连成切割线。

❻ 擦掉所有辅助线，垫形切工的切割线就画好了。

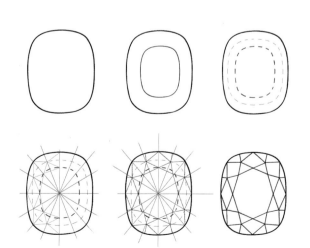

## 5.马眼形/橄榄形

马眼形切工是在椭圆形的基础上，在两端切出了橄榄尖，加强了石头的视觉吸引力。在相同克拉数的重量下，马眼形切工的宝石比圆形切工的宝石显得大。

正面　　　　　　侧面　　　　　　亭部

### 马眼形切工切割线画法

❶ 两圆弧相交，画出宝石的外轮廓，也可以用模板尺画出宝石的外轮廓，作为腰线。

❷ 画出垂直的辅助线，按比例画出台面。

❸ 在腰线和台面间的距离上找到中点，并画出通过该点的马眼形辅助线。

❹ 找到马眼形的中心点，画出米字形辅助线，把马眼形平均分成8份，将米字辅助线与内圆的8个交点两两相连，形成台面的切割线。

❺ 按图中样式，根据马眼形切工的切割线特点把辅助线的点连成切割线。

❻ 擦掉所有辅助线，马眼形切工的切割线完成。

## 6.公主方形

公主方形切工是一种始于20世纪80年代的非常受欢迎的特殊切工。它具有和圆形切工一样的对称性。它的四角有4个金字塔切边，能充分使光线折射，所以是所有方形宝石中火彩最强的一种切割方法。

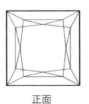

正面　　　　　　侧面　　　　　　亭部

### 公主方形切工切割线画法

❶ 用模板尺画出一个正方形，即宝石的外轮廓，作为腰线。

❷ 按比例画出台面，在腰线和台面间的距离上找到中点，再画出一个通过该点的正方形辅助线。

❸ 画出米字形辅助线。

❹ 按图中样式，根据公主方形切工的切割线特点把辅助线上的交点连成切割线。

❺ 擦掉所有辅助线，公主方形切工切割线就画好了。

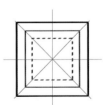

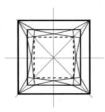

## 7. 心形

心形切工的标准切面为63个，正常的长宽比为1∶1，长宽比决定了宝石的外形。

正面

侧面

亭部

### 心形切工切割线画法

❶ 用两个对称的圆形和两条对称的弧线，画出心形外轮廓，或者用模板尺画出宝石的外轮廓，作为腰线。

❷ 按比例画出台面。

❸ 在腰线和台面间的距离上找到中点，再画出一条通过该点的心形辅助线。

❹ 找到心形的中点并画出米字形辅助线，将米字辅助线与内圆的交点两两相连，形成台面的切割线。

❺ 按图中样式，根据心形切工的切割线特点把辅助线上的交点连成切割线。

❻ 擦掉所有的辅助线，心形切工的切割线就完成了。

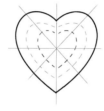

## 8. 祖母绿形

祖母绿形切割属于阶梯式切割，同一方向上的各个阶梯的侧面都是平行的，呈现出顶部被削去后的金字塔形。由于是阶梯式切割，因此祖母绿形切工的宝石没有底尖，切得也比其他切工的宝石浅。浅切割的宝石的亭部能使宝石有更多的光线从宝石的边和底部射出，所以祖母绿形切工的宝石都不如圆形切工的宝石璀璨。

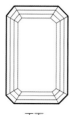
正面

侧面

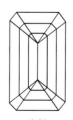
亭部

**祖母绿形切工切割线画法**

❶ 画出一个长方形，并对称地削去四个角。也可以用模板尺直接画出形状，作为腰线。

❷ 找到中心点，从中心点向8个角连出辅助线。

❸ 根据比例沿着辅助线，画出祖母绿形宝石的台面。

❹ 将腰线和台面之间的距离等分为3份，通过两个等分点分别画出另外两个祖母绿形。

❺ 在祖母绿形宝石的背面示意图中，台面内的切割线在正面视图中是可以看得到的。

❻ 紧接第4步，再结合第❺步的切割线，画出祖母绿形切割宝石的整体图。

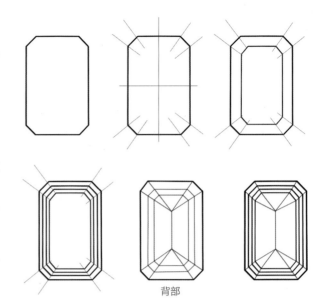

背部

## 9.雷迪恩

  雷迪恩形切工接近祖母绿形切工，但是它是方形的，正方或长方形的。雷迪恩形切工和祖母绿形切工一样有着独特的亭部。传统祖母绿形切工有57个切面，而雷迪恩形切工有70个切面，后者在维持传统祖母绿切工的同时，将宝石本身的特点最大化地呈现。长方形雷迪恩形的最佳的长宽比从早前的1.5∶1发展到现在的1.2∶1~1.3∶1。

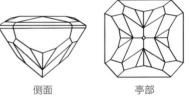

正面   侧面   亭部

**雷迪恩形切工切割线画法**

❶ 画出一个长／正方形，并对称地削去四个角。或者用模板尺直接画出形状，作为腰线。

❷ 根据比例画出台面，注意台面应画成长方形。找出台面和腰线之间距离的中点，并通过该点画出与腰线相同的等比例缩小的形状。

❸ 腰线的8个角分别与台面的长方形4角相连画8条直线。

❹ 按图中示例连接各个交点，清晰地画出宝石的切割线。

❺ 擦掉多余的辅助线，雷迪恩形切工的切割线就完成了。

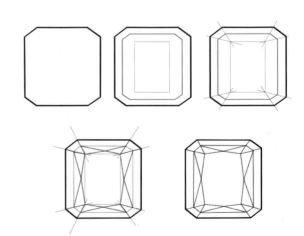

## 10. 三角形

三角形切工是比较特殊的切工，是一个曲边三角形，通常切割得比较浅，长宽比例是1：1，三角形切工的宝石有3个相等的边，有31个或50个切面。

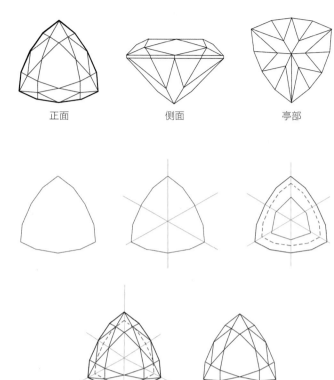

正面　　　　　侧面　　　　　亭部

### 三角形切工切割线画法

❶ 用模板尺画出宝石的外轮廓，或者画一个等边三角形，再按图中示例对三角形进行再次刻画，画出图示中宝石的外形，即腰线。

❷ 找到圆心，把宝石平均分成6等份，并画出辅助线。

❸ 按比例画出台面，以及台面与腰线之间的一个等比例缩小的三角形轮廓，注意此轮廓不在台面与腰线间距离的中点上，更偏向腰线。

❹ 按图中示例，根据三角形切工的切割线特点把辅助线上的交点连成切割线。

❺ 擦掉所有的辅助线，三角形切工的切割线就画好了。

## 11. 圆形莲花

莲花切割是近年来彩色宝石中常常出现的新式切割方式。莲花切割的标准切面有337个，通常需要宝石净高度，多用于大克拉的半宝石中。

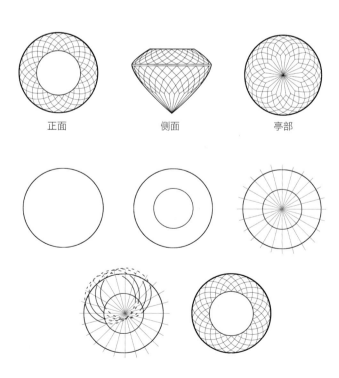

正面　　　　　侧面　　　　　亭部

### 圆形莲花切工切割线画法

❶ 画出宝石的外轮廓，即腰线。

❷ 画出台面，通常是腰围的53%~57%。

❸ 把内圆的周长平均分成24份，可以先画出米字形辅助线，再继续平均划分。

❹ 以内圆上的每个交点为圆心，以圆心到腰线的距离为半径画圆，取其与内外圆交叉的部分弧线，直到全部画完。

❺ 擦掉所有的辅助线，圆形莲花切工的切割线就完成了。

## 12. 六边形

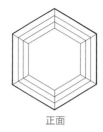

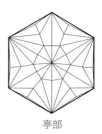

正面　　　　　　　侧面　　　　　　　亭部

### 六边形切工切割线画法

❶ 用模板尺画出宝石的外轮廓，或者画出一个正方形，再对正方形进行再次刻画，画出图示中宝石的外形，即腰线。

❷ 找到圆心，把宝石平均分成6等份，并画出辅助线。

❸ 按比例画出台面，把台面到腰线的距离平分三份，并画出等比例的六边形轮廓。

❹ 用直线连接腰线的六角到台面六角，形成完整的六边形切割线，最后擦掉多余的辅助线。

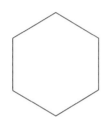
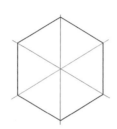
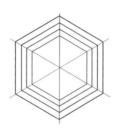
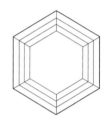

## 13. 球形

球形切割是一种特殊的切割方式，常用在高级珠宝里。圆球形切割一共有216个切面。

正面　　　　　　　侧面　　　　　　　亭部

### 圆球形俯视效果切割线画法

❶ 用模板尺或圆规画出一个圆形。

❷ 用圆规作为辅助工具画出十字交叉辅助线后，再继续平分，把整个圆形分成12份，这是第1组交叉辅助线。把圆圈上得到的这12个点两两相连，形成十二边形。在任意一条辅助线上画出渐变的3个点，从圆心到这3个点的距离分别作为3个圆的半径，并画出这3个圆形。

❸ 在十二边形上找到每条边的中点，让这12个中点分别与圆心连线，形成第2组交叉辅助线。将这12个点两两相连，形成十二边形。按照十二边形的绘制方法，依次根据3个较小的圆形按图中样式画出十二边形。此时，俯视球形的边线基本画完，下一步画球形切割的刻面。

❹ 4个十二边形按由内而外排序为1~4。从第1个十二边形的12个角向圆心连线，将圆形分为12等份。再从这12个角按图中样式向第2个十二边形的角连线，形成若干个M形线条。用同样的方法画出其他十二边形的连线。

❺ 擦掉多余的辅助线，圆球形俯视效果的切割线就画好了。

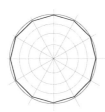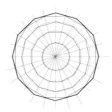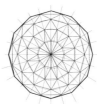

**圆球形侧面效果切割线画法**

圆球形切割侧视的效果图要比俯视图用得多一些。

❶ 用模板尺或圆规画出一个圆形。

❷ 用圆规作为辅助工具画出十字交叉辅助线后，再继续平分，把整个圆分成12份。把圆形上得到的12个交点两两相连，形成图中的十二边形。

❸ 在垂直的辅助线上，以中间的水平辅助线为基准，向上向下对称地画出渐变的8个点，然后通过这些点分别画出水平线。

❹ 球形切割侧面的边线呈螺旋效果。先画出第一条曲线，曲线中心点和圆心重合。然后向这条曲线的两边依次对称地画出其他曲线，曲线呈越来越窄的渐变。

❺ 用硫酸纸拷贝出步骤❹的所有曲线，保持圆心不变的情况下，将其反方向拓印到十二边形内，再用铅笔把线条描清晰，并擦掉所有的辅助线，侧视的效果图就完成了。

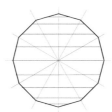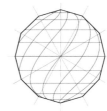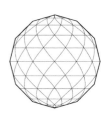

## 14. 椭圆珠形

椭圆珠形切割的结构和圆球形是一样的。椭圆珠形有480个切面，让宝石看起来更加璀璨。在设计中经常以侧面出现在设计图纸上，具体侧面切割线画法请参照圆球形侧面效果切割线画法。

正面　　　　侧面　　　　亭部

## 15. 长方形和梯形（Baguettes）

长方形和梯形切工多用于配石。在绘画过程中，先画出大轮廓，然后按比例画出台面，并按图中样式将长方形和梯形的4个角相连接。

正面　　　侧面　　　亭部　　　　正面　　　侧面　　　亭部

# 宝石的镶嵌

宝石的镶嵌有时会直接影响一件作品的视觉感受，所以了解宝石镶嵌的种类也是基本的课程。

## 宝石镶嵌的种类

宝石镶嵌的常见种类有爪镶、卡镶、包镶、钉镶、轨道镶、藏镶、无边镶等。

## 镶嵌宝石的结构

### 1. 爪镶

顾名思义，爪镶是用"爪子"抓住宝石的一种镶嵌方式，是最普遍和最广泛应用的一种镶嵌方式。爪镶包含3~6个，甚至8个小爪，包裹着宝石。爪镶能使更多光线照射到宝石表面的不同刻面。

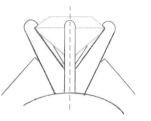

### 2. 卡镶

卡镶利用金属本身的材质张力将宝石悬空卡住，造就了宝石"悬浮"在上面的感觉。卡镶适用于质地坚固的宝石，如钻石，并且能最大限度地将宝石暴露在光线之中。

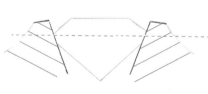

### 3. 包镶

包镶是用一圈金属紧紧包裹住宝石或钻石来进行固定的镶嵌方式。金属边通常高于宝石表面。它适用于任何形状的宝石。

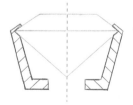

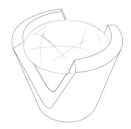

### 4. 钉镶

宝石被植入预留的凹孔内，用细小的金属珠把宝石固定，很多群镶都采用这种密钉镶。

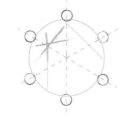
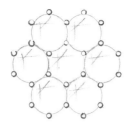

### 5. 轨道镶

这是利用金属的两条边夹住宝石来固定的镶嵌方法。轨道镶适用于外形规则的宝石，如长方形、正方形和梯形的宝石。

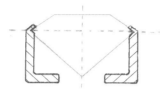

### 6. 藏镶

在金属上钻出一个小孔，把宝石放进去，宝石的亭部不会外露，宛如埋在金属之中，然后珠宝师敲击宝石周围的金属使之固定。因为珠宝师必须要敲击金属来固定中间的石头，所以这种镶嵌法不适合硬度低的宝石。

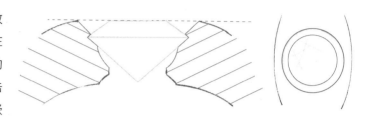

### 7. 柱镶

柱镶的本质属于爪镶。只不过是外观的样式略有差异而已。柱镶一般用于多颗宝石的镶嵌，而且是大小、切工和形状都相似的宝石。

### 8. 隐秘轨道镶

隐秘轨道镶，又称"无边镶"，是用金属槽或轨道固定住宝石的底部，并借助于宝石之间及宝石与金属之间的压力来固定宝石的一种难度极高的镶嵌方法。当俯视作品时，镶口被完全隐藏，看不到凹槽的痕迹。这种技术需要对每一颗宝石进行特有的精密切割，它要求宝石的大小、切工高度一致，另一难度便在于镶托。

第 **6** 章

# 宝石手绘彩色效果图详解

# 常见不透明素面宝石效果图绘画技巧

请牢记珠宝手绘里的一个规则：所有的光线都是从45°方向投射过来的。所以在画素面宝石时，45°光源照射到的地方会产生高光。

### 左：圆形不透明素面宝石的正面图（稍扁）

A为该宝石的侧面图，当45°方向的光线照射到宝石上时，由于素面宝石的轮廓特征，因此形成了点状高光，即是我们在C图中见到的淡紫色圆点。

我们可以想象因为宝石的不透明属性，光线在宝石最高点的位置受阻，所以形成了明暗交界线，即图C中右下角的半月形。

即便是不透明介质，在明暗交界线一侧的背光处，也要有一些反光区，见图D效果图。

### 右：圆形不透明素面宝石的正面图（高凸/馒头）

馒头形素面宝石的画法和左图的画法完全一样，单独举例来讲是想请大家看清两者的明暗交界线的不同，因为馒头形的高凸点比较高，光源照射不到的地方的面积比较大，所以它的暗部面积也比较大。

### 椭圆形不透明素面宝石的正面分解图

椭圆形不透明素面宝石的光线与投影的原理和画法与圆形是一模一样的，只不过它的椭圆形轮廓，使得经过45°光线的照射后的明暗交界线的形状是根据椭圆形轮廓变化的。

也就是说，任何形状的宝石的明暗交界线，都根据其轮廓而改变。

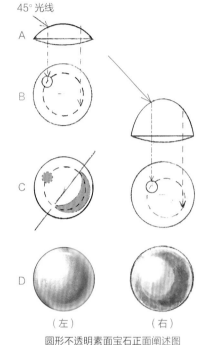

圆形不透明素面宝石正面阐述图

## 圆形不透明素面宝石的侧面图

了解圆形素面不透明宝石的光线与阴影的原理后，再画它的侧面就容易很多，光线直射到的地方是高光，光线照射不到的地方是阴影，亮部和暗部交界的地方是明暗交界线，也是宝石中颜色最深的部分。

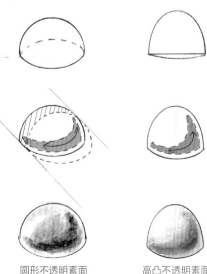

椭圆形不透明素面宝石正面分解图

圆形不透明素面宝石侧面阐述图

高凸不透明素面宝石侧面阐述图

## 素面缟玛瑙

如今的缟玛瑙通常指纯黑色玛瑙，用于珠宝领域。在画缟玛瑙时，只用黑色和白色两种颜料，所以怎样仅用两种颜色画出缟玛瑙的立体感和玻璃光泽是学习的重点。

| 工具 | 水粉笔、高克重康颂灰色卡纸、水粉颜料 |
| --- | --- |
| 色板 | 黑色和白色 |

*1* 画出宝石的外轮廓，并用黑色将宝石轮廓内部涂满。

*2* 根据缟玛瑙的不透明特性和圆形的弧度，在亮色区画一个白色实心圆。

*3* 笔沥干，晕开白色圆形，与底色进行自然过渡。

*4* 再次用白色画一个实心圆，面积要比步骤2的圆形小。

*5* 笔沥干，晕开白色圆形，范围不要超过第一次晕开的范围。

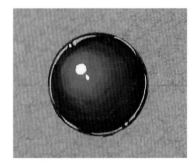

*6* 用白色画出高光点，并勾出细细的内轮廓线。

### 提示

缟玛瑙是很容易掌握其绘画技巧的一种不透明宝石。绘画时应用黑白两色，在高光区要先画白色，再用湿润的笔将其晕开，这时会呈现灰色区。等灰色区全部干了之后，我们再用白色去画高光点，否则水粉的特性会使高光点很容易与下面的颜色晕开。

**其他琢形素面缟玛瑙：**

椭圆形素面缟玛瑙

梨圆形素面缟玛瑙

# 素面珊瑚

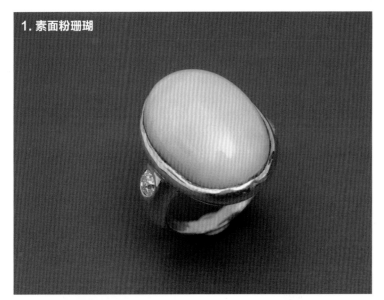

**1. 素面粉珊瑚**

珊瑚的画法和缟玛瑙几乎一致，只是颜色上有区别。下面先介绍素面粉珊瑚的画法。

| 工具 | 水粉笔、高克重康颂灰色卡纸、水粉颜料 |
|---|---|

**粉珊瑚效果图色板 ↓**

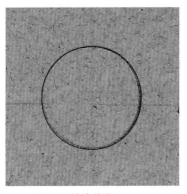

*1* 画出宝石的外轮廓。

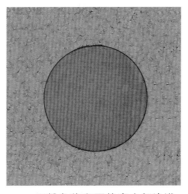

*2* 用粉色将宝石轮廓内部涂满。注意不要涂到轮廓外。

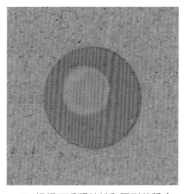

*3* 根据不透明特性和圆形的弧度，在高光区画白色圆点。

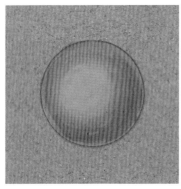

*4* 笔沥净，稍留水分，晕开白色高光区，呈现自然过渡的效果。

*5* 用白色画出高光点。加深右下侧，突出宝石的弧形高度，并用灰色画出阴影。

**其他琢形素面粉珊瑚：**

心形素面粉珊瑚

## 2. 素面红珊瑚

红珊瑚比粉色珊瑚的颜色更加艳丽，明暗交界线后的深色部分呈现暗红色，其余步骤均和粉珊瑚相同。

| 工具 | 水粉笔、高克重康颂灰色卡纸、水粉颜料 |
| --- | --- |

红珊瑚效果图色板 ↓

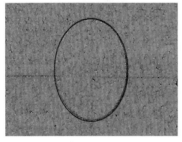

*1* 画出宝石的外轮廓。

*2* 用粉色将宝石轮廓内部涂满。

*3* 根据不透明特性和圆形的弧度，在高光区画白色圆点。

*4* 笔沥净，稍留水分，晕开白色高光区，呈现自然过渡的效果。

*5* 用白色画出高光点。加深右下侧，突出宝石的弧形高度。

*6* 修整外轮廓，并用灰色画出阴影。

### 提示

在第5步画高光点之前，一定要等所有颜料全部干掉再画，否则水粉的特性会使颜色混合在一起。

### 其他琢形素面红珊瑚：

圆形素面红珊瑚

树枝形红珊瑚

# 素面绿松石

绿松石是一种不透明宝石，绿松石有纯素面和带花纹两种，本节只讲解带有花纹的绿松石。无花纹的绿松石会在本节后有示例。

| 工具 | 水粉笔、高克重康颂灰色卡纸、水粉颜料 |
|------|-----------------------------|

**绿松石效果图色板 ↓**

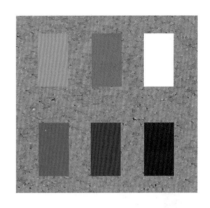

*1* 画出宝石的外轮廓。

*2* 调出图中绿松石蓝色，将宝石轮廓内部涂满。

*3* 在高光区画白色椭圆，并在右下侧画深蓝色。

*4* 笔沥净，稍留水分，晕开白色高光区和右下深色区的颜色，呈现自然过渡的效果。注意右下侧要留出反光区。

*5* 用少量白色继续加强反光区的亮度，加深深色明暗交界线，并用细白线勾出左上侧的轮廓。

*6* 用干净的水粉笔蘸白色，描出高光。

*7* 晕开高光点后，用褐色勾出绿松石花纹。勾花纹的过程要注意笔触的轻重。

*8* 用白色勾出高光，最后用灰色画出阴影。

**其他琢形素面绿松石：**

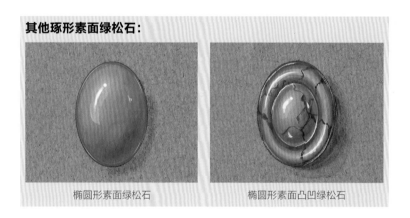

椭圆形素面绿松石　　　　椭圆形素面凸凹绿松石

# 素面青金石

青金石和绿松石的特质很像，都是不透明的蓝色系宝石，也有有花纹和无花纹之分。它的绘画步骤和颜色与绿松石的完全一样，只是在最后一步加入的花纹不同。

| 工具 | 水粉笔、高克重康颂灰色卡纸、水粉颜料 |

**青金石效果图色板 ↓**

*1* 画出宝石的轮廓，并用青金石的蓝色将轮廓内部涂满。

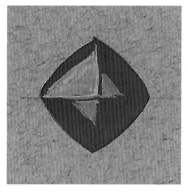

*2* 用白色把亮色区画出来。

*3* 笔沥干，把亮色区的白色晕开，形成自然过渡。

*4* 用浓度较高的白色画出内轮廓线和最高点的高光线。

*5* 用深蓝色加深暗色区，并再次提亮高光，最后用灰色画出阴影。

**提示**

如果青金石上有裂纹，那么在步骤3后，画出黑色和白色花纹，再把笔沥干，在花纹上轻描晕开，使花纹的效果不要过于尖锐。如果青金石上有金点，就用土黄色画金点，再用柠檬黄色画出金点的亮色。

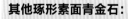

**其他琢形素面青金石：**

椭圆形素面青金石

椭圆形素面青金石

## 素面孔雀石

孔雀石的光泽及特质与青金石和绿松石相似，颜色呈深浅不同的绿色。在绘制时，只要掌握好绘画技巧，是很好表现宝石的质感的。

| 工具 | 水粉笔、高克重棉灰色卡纸、水粉颜料 |
| --- | --- |

**孔雀石效果图色板 ↓**

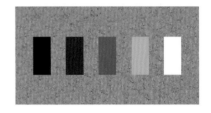

*1* 用模板尺画出宝石的外轮廓，然后调出图中的浅绿色，将宝石轮廓内部涂满。

*2* 调出色板中第3种绿色，并画出纹理。

*3* 用色板中的第2种绿色继续细化纹理。

*4* 用色板中的第1种最深的绿色和第4种绿色更加详细地描绘纹理。

*5* 用干净的水粉笔蘸白色，描出高光。

*6* 画出宝石的高光点和反光点，最后用灰色画出阴影。

# 素面玛瑙

玛瑙和孔雀石的纹理特质很相似，花纹都呈现条纹状，深浅不同，画法也和孔雀石相似。

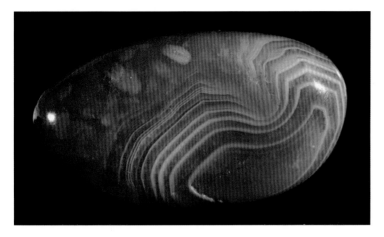

| 工具 | 水粉笔、高克重棉灰色卡纸、水粉颜料 |
| --- | --- |

玛瑙效果图色板 ↓

*1* 用模板尺画出宝石的外轮廓，然后用玛瑙的基础色将轮廓内部涂满。

*2* 调出图中深褐色，画出一些深的纹理。

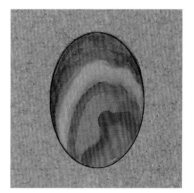

*3* 画浅色纹理，等干了之后，在浅色纹理里画一些深浅不一的纹理线条。

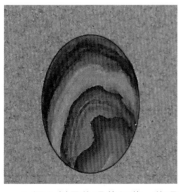

*4* 深入刻画纹理的细节，整理轮廓。

*5* 画出宝石的高光点和反光点。最后用灰色画出阴影。

# 常见透明素面宝石彩色效果图绘画技巧

在45°光源照射下的透明素面宝石的光影和不透明素面宝石的光影是完全相反的，因为光在透明宝石中有一定的穿透力，而宝石对光的反射也更强，我们来看下面的阐述图。

### 左：圆形透明素面宝石正面阐述图

A为该宝石的侧面图，当45°方向的光线照射到宝石上时，由于素面宝石的轮廓特征，因此形成了点状高光，即我们在B图中见到的淡紫色圆点。

想象45°光源穿过宝石本身并形成投影，在宝石本身和投影相交的部分就是宝石对光的折射形成的反光区，这个部分在画透明宝石的时候尤为重要，而且根据每种宝石的颜色特征，反光的颜色也各有特色，我们将在本节中详细讲解。高光周围即是暗色区，由暗向明过渡直到反光区结束。

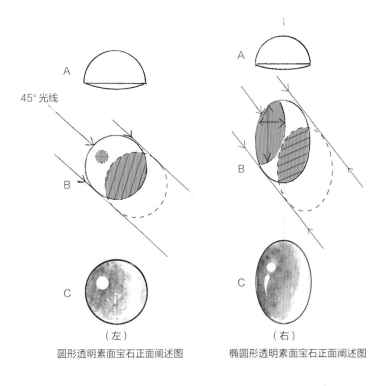

### 右：椭圆形透明素面宝石正面阐述图

椭圆形透明素面宝石的光线与投影的原理和画法与圆形透明素面宝石是一模一样的，只不过它的椭圆形轮廓，使得经过45°方向光线的照射后的明暗交界线的形状是根据椭圆形轮廓变化的。

圆形透明素面宝石正面阐述图     椭圆形透明素面宝石正面阐述图

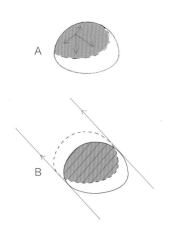

### 圆形透明素面宝石侧面阐述图

圆形透明素面宝石的侧面和正面的原理一样：光源直射的地方是高光；高光周围是暗色区，是宝石最暗的部分；光源对面是光的反射区，即反光区。

圆形透明素面宝石侧面阐述图

# 素面透明水晶

透明水晶的透明度特征比较像水。实际上，透明水晶在高级珠宝领域用得十分少。我们先从透明白水晶入手，学习素面宝石的光影变化。

| 工具 | 水粉笔、高克重康颂灰色卡纸、水粉颜料 |
|---|---|

**素面透明水晶色板 ↓**

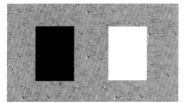

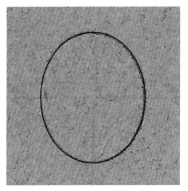

**1** 画出宝石的外轮廓。

**2** 在左侧7点钟方向一直到1点钟方向用黑色画宽线。

**3** 把笔涮干净，稍留水分，将黑线慢慢晕开，向右下方向过渡。

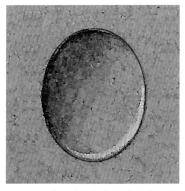

**4** 用稀释后的白色画出反光区的反光线。

**5** 笔沥净，稍留水分，稀释反光线。

**6** 继续加深左上侧的颜色，并用白色加强反光区。用细线勾出左上侧的一条小高光线。

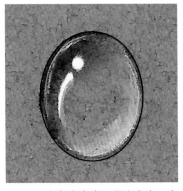

*7* 用白色在高光区画出高光。高光由一个圆点和一条锋利的"尾巴"组成。

*8* 继续提亮反光区，修整外轮廓，并用深灰色画出阴影。

为了更好地了解素面宝石的形态特质和光的表现方法，可以尝试画一些透明水珠，来感受一下光影的变化，以及高光和反光的表现方法。

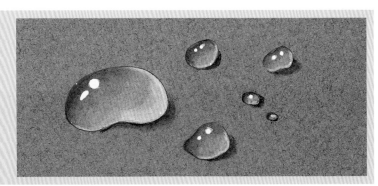

# 素面紫水晶

紫水晶是透明宝石，所以在绘画过程中，要表现出它的晶莹剔透的感觉。

| 工具 | 水粉笔、高克重康颂灰色卡纸、水粉颜料 |
|---|---|

**紫水晶效果图色板** ↓

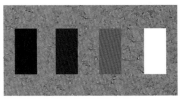

*1* 画出宝石的轮廓，并用蓝紫色将轮廓内部涂满。

*2* 用白色在右下角画出宝石的亮色区。

*3* 用较深的蓝紫色在左上角画出宝石的暗色区。

*4* 笔沥干，把步骤2和3所画的颜色晕开，与底色做自然过渡。

*5* 用白色画出内轮廓线。

*6* 用白色点出高光。

**其他琢形素面紫水晶：**

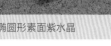

椭圆形素面紫水晶

梨形紫水晶

## 提示

在画反光区的颜色时，可以稍加红色，这样反光更生动。在暗色区可以加少量黑色，让整体颜色暗下去。另外，紫水晶有深有浅，可根据个人喜好或者创意的需要，自己去描颜色或偏暖或偏冷的紫水晶，只需加红色或者蓝色即可调出。

# 素面蓝宝石

### 1. 椭圆形素面蓝宝石详解

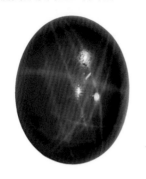

蓝宝石是一种非常常见的高档彩色宝石，净度越高价值越高。蓝宝石有多种颜色，也有特殊光泽的星光蓝宝石，本书只介绍怎样绘画蓝色蓝宝石。

| 工具 | 水粉笔、高克重康颂灰色卡纸、水粉颜料 |
| --- | --- |

蓝宝石效果图色板 →

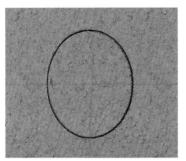

*1* 画出宝石的外轮廓。

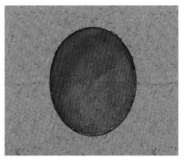

*2* 按图中的蓝色将宝石轮廓内部涂满。

*3* 将左上部的暗色区加深，将右下部的反光区提亮。

*4* 用干净的笔加深并晕开深色区，再加强并晕开反光区。

*5* 继续加深暗色的部分，提亮反光区，反光区的颜色要加一点天蓝色。

*6* 用干净的水粉笔蘸白色，描出高光，最后用灰色画出阴影。

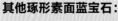

**其他琢形素面蓝宝石：**

圆形蓝宝石

星光蓝宝石

## 提示

蓝宝石的反光处用天蓝色加白色。星光蓝宝石的画法和步骤与普通蓝宝石完全一致，只需最后用白色画出星光高光即可。

## 2. Sugar-loaf 素面蓝宝石详解

| 工具 | 水粉笔、高克重康颂灰色卡纸、水粉颜料 |
|------|------|

蓝宝石效果图色板 ↓

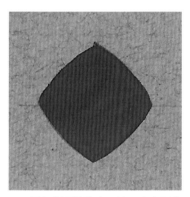

*1* 画出宝石的轮廓，并用青金石的蓝色将轮廓内部涂满。

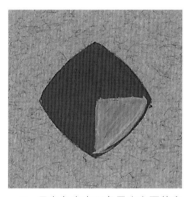

*2* 用白色在右下角画出宝石的亮色区。

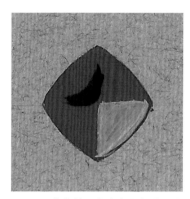

*3* 用薄薄的黑色在左上部分画出宝石的暗色区。

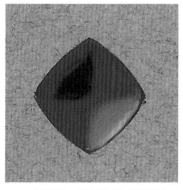

*4* 笔沥干，把步骤2和3所画的颜色晕开，与底色做自然过渡。

*5* 用白色画出内轮廓线和糖塔的十字交叉线。

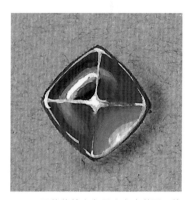

*6* 用薄薄的白色画出高光范围，待画面干后，再用白色画出高光。

## 提示

此琢形宝石形似胖胖的金字塔，十字切割线不宜画得太白。

## 素面祖母绿

最珍贵的祖母绿的成色为蓝绿色至纯绿色，拥有鲜艳的色彩饱和度，色调不会太暗。

| 工具 | 水粉笔、高克重康颂灰色卡纸、水粉颜料 |
| --- | --- |

**祖母绿效果图色板 ↓**

*1* 画出宝石的轮廓，并用祖母绿色将轮廓内部涂满。

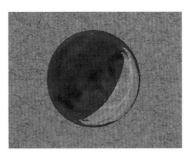

*2* 用白色在右下角画出宝石的亮色区。

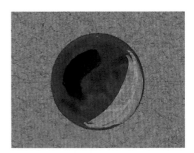

*3* 用薄薄的黑色在左上角画出宝石的暗色区。

*4* 笔沥干，把步骤2和3所画的颜色晕开，与底色做自然过渡。

*5* 用薄薄的白色画出高光范围，待画面干后，用白色画出高光。

**提示**

画反光区时略加黄色调和，会增强宝石的整体气质，但是黄色不能多加，不然会更像橄榄石，这是祖母绿和橄榄石的区别。

**其他琢形素面祖母绿：**

椭圆形素面祖母绿

糖塔形素面祖母绿

# 素面红宝石

红宝石的画法和蓝宝石几乎一致，只需按照色板调色即可。

| 工具 | 水粉笔、高克重康颂灰色卡纸、水粉颜料 |

红宝石效果图色板 ↓

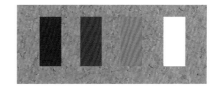

*1* 画出宝石的轮廓，并用大红色将轮廓内部涂满。

*2* 用白色在右下角画出宝石的亮色区。

*3* 用薄薄的黑色在左上角画出宝石的暗色区。

*4* 笔沥干，把步骤2和3所画的颜色晕开，与底色做自然过渡。

*5* 用白色画出内轮廓线。

*6* 用白色点出高光，再用灰色画出阴影。

## 提示

在画暗色区域时可适当加一点黑色来加深暗色调。在画反光的过程中，用白色晕染的同时可稍加一点红色，等干了之后，再用白色勾出细细的边，立体感会更强。

### 其他琢形素面红宝石：

星光素面红宝石

椭圆形素面红宝石

# 素面橄榄石

橄榄石的色调为橄榄色，即黄绿色调。在反光区需要多加黄色才能画出通透感。

| 工具 | 水粉笔、高克重康颂灰色卡纸、水粉颜料 |
|---|---|

**橄榄石效果图色板 ↓**

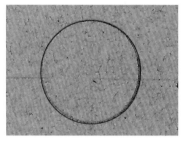

*1* 画出宝石的外轮廓。

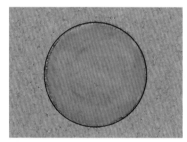

*2* 调出图中橄榄色，将宝石轮廓内部涂满。

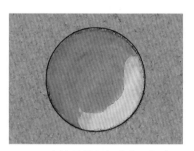

*3* 用少许橄榄色加白色，把右下侧反光区提亮。

*4* 用深绿色画出暗色区。

*5* 加强并晕开暗色区和反光区的颜色。反光区需要加点黄色体现通透感。

*6* 用干净的水粉笔蘸白色，描出高光，最后用灰色画出阴影。

**提示**

在"素面祖母绿"一节里我们讲到，祖母绿的反光部分不能太多黄色，否则会像橄榄石，这就是手绘橄榄石的重点：即在橄榄绿的基础上加黄色，使整颗宝石的色调都偏黄绿色，尤其是反光区。

**其他琢形素面橄榄石：**

椭圆形素面橄榄石

梨形素面橄榄石

# 素面黄晶

黄晶是透明、淡黄色到褐橙色的石英。想要确切表达黄晶的特质，需要在暗面调加褐色。

**工具** 水粉笔、高克重康颂灰色卡纸、水粉颜料

**黄晶效果图色板 ↓**

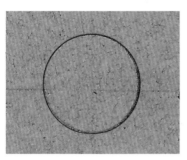

*1* 用模板尺画出宝石的外轮廓。

*2* 调出图中黄色，将宝石轮廓内部涂满。

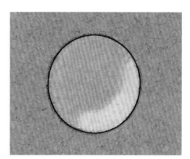

*3* 用少许黄色加白色，把右下侧反光区提亮。

*4* 用褐色画出暗色区。

*5* 加强并晕开暗色和反光区的颜色。

*6* 用干净的水粉笔蘸白色，描出高光，最后用灰色画出阴影。

**其他琢形素面黄晶：**

梨形素面黄晶

椭圆形素面黄晶

# 素面欧泊

欧泊是一种展现彩虹般颜色的独特光学效应的宝石。根据颜色划分欧泊主要有5种：

（1）白或浅色欧泊，体色为半透明的白色或中度灰色；

（2）黑欧泊，体色为半透明至不透明的黑色或深灰色；

（3）火欧泊，为透明至半透明的褐色、黄色、橙色或红色，通常没有游彩；

（4）砾背欧泊，为半透明至不透明的浅色到深色；

（5）水欧泊，为透明至半透明的浅色。

## 1. 火欧泊

本例详细讲解色彩较为丰富的火欧泊的画法。

| 工具 | 水粉笔、高克重康颂灰色卡纸、水粉颜料 |
| --- | --- |

火欧泊效果图色板 ↓

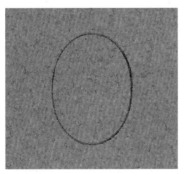

*1* 用模板尺画出宝石的外轮廓。

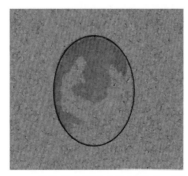

*2* 欧泊的火彩分布比较随意，调出图中褐色，随意画出形状。

*3* 用黄色和淡紫色继续随意画出片状图形。

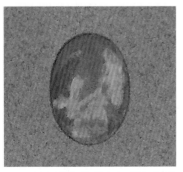

*4* 用深蓝和浅蓝色把剩余部分涂满。

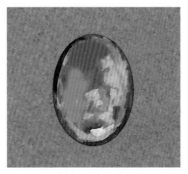

*5* 用深蓝色加强外轮廓线，并适当加重宝石中的色彩，加强饱和度。

*6* 用稀释的白色画出高光，并晕染。

**提示**

在最后一步画高光的步骤中，可用白色加宝石中任意颜色，去调亮某几个点，注意不能大幅度点亮。欧泊的光泽不像透明宝石一样呈玻璃光泽，它的光泽没有那么尖锐，所以在画高光的时候，在锐利的高光点下有半透明的质感就会把这种光泽感表现出来。

*7* 等颜色全干后，用干净的白色勾出内轮廓和高光点。

## 2. 白欧泊

　　欧泊是所有彩色宝石里最难画的一种，原因是它的变彩，一颗宝石内经常呈现多种颜色，每种颜色又由光线的不同而发荧光和火彩。所以在绘画的过程中，只要观察每种欧泊的整体色调，并自然地画出每种颜色的区域，便可轻松掌握欧泊的画法。

| 工具 | 水粉笔、高克重康颂灰色卡纸、水粉颜料 |
|---|---|

**白欧泊效果图色板** ↓

*1* 用模板尺画出宝石椭圆形的外轮廓。

*2* 用稀释的浅棕色涂满整个椭圆形，注意不要涂到轮廓外。

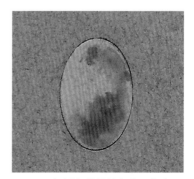

*3* 用色板中的深棕色和土红色画出图中图案，并晕染开来，让其与底色融合。

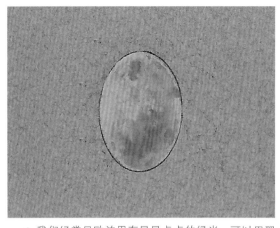

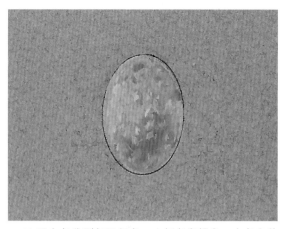

*4* 我们经常见欧泊里有星星点点的绿光，可以用翠绿色进行点状点缀来表现。

*5* 用白色分别加翠绿色、土红色和褐色，在各自的区域画出点状高光。

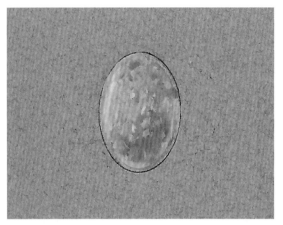

*6* 用稀释的白色在外轮廓内圈画出反光区，使欧泊呈现半透明的效果。

*7* 用同样的画法，在高光区画出半透明效果后，用白色画出高光点。

## 3. 黑欧泊

**工具** 水粉笔、高克重康颂灰色卡纸、水粉颜料

黑欧泊效果图色板 ↓

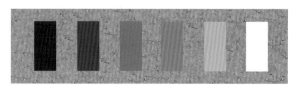

*1* 用模板尺画出宝石椭圆形的外轮廓。

*2* 用图中的蓝色随意在轮廓内画出星星点点的图案。

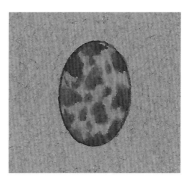

*3* 用色板中的绿色将轮廓中余下部分涂满。

*4* 分别用浅蓝色和浅绿色在已有的图案上画图案的亮面。用深蓝色和深绿色修饰原有图形，加强立体感。

*5* 用稀释的白色勾画反光区，让其呈半透明状。

*6* 用白色点亮高光区，并用灰色画出阴影。

# 素面石榴石

常见的石榴石为红色，但其颜色的种类十分丰富，足以涵盖整个光谱的颜色，我们仅介绍红色。

| 工具 | 水粉笔、高克重康颂灰色卡纸、水粉颜料 |

**石榴石效果图色板** ↓

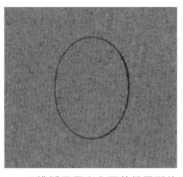

*1* 用模板尺画出宝石的椭圆形外轮廓。

*2* 用石榴石的基础底色涂满轮廓内部。

*3* 用深红色画出暗色区，并和基础色融合在一起。

*4* 用色板中的浅红色画出反光区。

*5* 用干净且湿润的笔晕开暗色区和反光区的颜色，使过渡自然。

*6* 用细白线勾出宝石的轮廓，并用白色画出高光。然后用灰色描出阴影。

**提示**

石榴石的颜色和红宝石的颜色还是有区别的，石榴石的红色偏很暗的砖红色。

# 素面碧玉

碧玉是软玉的一种，呈菠菜绿色，常常伴有黑色或暗绿色杂质。

| 工具 | 水粉笔、高克重康颂灰色卡纸、水粉颜料 |
| --- | --- |

**碧玉效果图色板 ↓**

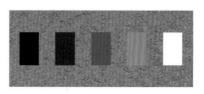

*1* 用模板尺画出宝石的外轮廓。

*2* 调出图中的橄榄绿色涂满轮廓内部。

*3* 用图中的绿色加重暗色区。

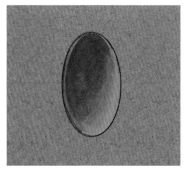

*4* 在反光区加白色，并晕开。

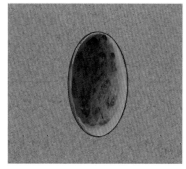

*5* 用稀释的黑色在轮廓内部随意点几个异形，代表黑色杂质。

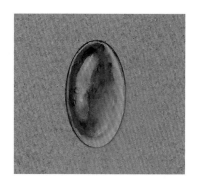

*6* 用稀释的白色画高光区，让其呈半透明状。

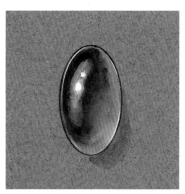

*7* 用白色画出高光点，并勾出内轮廓的高光线。然后稍提亮反光区，最后用灰色画出阴影。

**提示**

因为碧玉有杂质，所以在第5步时，用稀释后的黑色在宝石轮廓内随意点出黑色杂质，随后用沥干的笔稍稍晕开黑色部分，使其与宝石底色稍有融合。其次，由于软玉具有油脂光泽，因此高光点不能画得过于尖锐，应先画半透明的高光点，再在此基础上点出高光。

**其他琢形素面碧玉：**

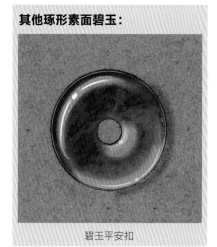

碧玉平安扣

# 素面绿翡翠

绿色翡翠有多种深浅不一的绿色，包括有包裹体，本书不一一讲解，这里介绍高级别的帝王绿翡翠画法。

| 工具 | 水粉笔、高克重康颂灰色卡纸、水粉颜料 |
| --- | --- |

**翡翠效果图色板→**

*1* 用模板尺画出宝石的外轮廓。

*2* 调出图中的绿色将轮廓内部涂满。

*3* 用色板中的草绿色画出反光区。

*4* 将反光区的草绿色晕开，并继续加深暗色区域。

*5* 用稀释的白色画出高光区，使其呈现半透明的质感。

*6* 用白色细细地勾出内轮廓，并点出高光。

*7* 用灰色画出阴影。

**提示** ▰▰

正绿色翡翠的颜色介于祖母绿和橄榄石之间，反光区稍偏黄绿色，但是黄色比橄榄石弱，暗色区也和祖母绿稍稍偏蓝的深绿不一样，翡翠的暗色区不能加黑色，必须只靠绿色来调和。翡翠是玻璃光泽，所以高光一定要锐利，应用白色利落地勾出。

**其他琢形素面翡翠：**

翡翠柳叶素面

# 素面紫罗兰翡翠

紫色翡翠和绿色翡翠的画法一致。紫罗兰可根据设计创意需要,随意调节紫色的深浅变化。本书只介绍其中一种。

| 工具 | 水粉笔、高克重康颂灰色卡纸、水粉颜料 | 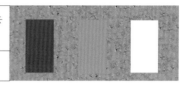 |
|---|---|---|
| 紫罗兰效果图色板→ | | |

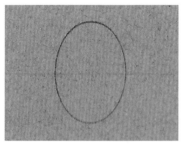

*1* 用模板尺画出宝石的外轮廓。

*2* 调出图中的淡紫色,将轮廓内涂满。

*3* 用色板中的紫色加深暗色区,并用加白的浅紫色画出反光区。

*4* 将反光区的浅紫色晕开,并继续加深暗色区域。

*5* 用稀释的白色画出高光区,使其呈现半透明的质感,并用细细的白色勾出内轮廓。

*6* 用白色点出高光。

*7* 用灰色画出阴影。

**其他琢形素面紫罗兰翡翠:**

梨形紫罗兰翡翠

# 素面月光石

月光石因有月光效应而得名，呈现半透明状，有波浪漂流的幽蓝晕彩。在绘画中怎样把蓝色晕彩和荧光感表现出来是重点。

| 工具 | 水粉笔、高克重康颂灰色卡纸、水粉颜料 |
|------|------|

**月光石效果图色板 ↓**

*1* 用模板尺画出宝石的外轮廓。

*2* 调出图中的蓝色，将轮廓内涂满。

*3* 用白色加蓝色，调成色板中的浅蓝色，画出宝石的反光区。

*4* 用干净的、湿润的笔将上一步的反光区晕开，使其与基础色融为一体。

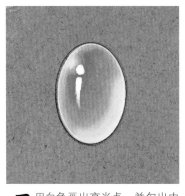

*5* 用白色画出高光点，并勾出内轮廓线。

*6* 用灰色画出阴影。

# 常见刻面宝石彩色效果图绘画技巧

　　相对于素面宝石来讲，刻面宝石的画法稍复杂一些。仍然在45°光源下，刻面宝石的每一个刻面都会对光源产生完全不同的光影变化，如果了解刻面宝石的结构及其光影变化的原理，就可以掌握所有刻面宝石的画法。下面让我们来学习圆形刻面宝石的详细光影变化。

　　所有刻面宝石的光影变化都遵照下图所述。

　　A为圆形刻面宝石的侧视图。在45°光源的照射下，直射部分为亮色区a，光继续直射进宝石内部，形成亮色区b。而由于圆形刻面宝石的结构特征，因此直接光源照射不到的地方便有了暗色区a。

　　由于圆形刻面的立体特征，使得光源在照射进台面后向下延伸，直到圆锥的尖部，光源照射到的地方是我们刚刚提到的亮色区a，与它相对的，照不到的地方便有了刻面宝石中颜色最深的地方，即暗色区b。

　　其他形状的刻面宝石的光影结构与圆形是一样的，下面让我们先从透明的钻石来深入了解刻面宝石的画法。

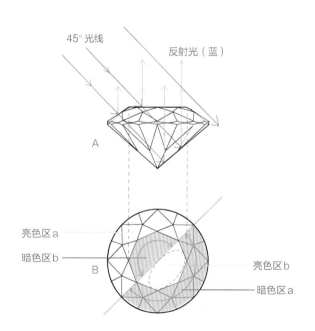

圆形透明刻面宝石正面阐述图

## 钻石

　　我们在第5章已经学习到了刻面宝石的结构和多种刻面宝石的切割方式，在绘画刻面宝石的过程中，只要掌握一种刻面宝石的画法，其他形状的刻面宝石就可一同攻克。理论上来讲，它们的画法是一样的，只有外形不同而已。

## 1. 圆形钻石

| 工具 | 水粉笔、高克重康颂灰色卡纸、水粉颜料 |
| --- | --- |

圆形钻石效果图色板 ↓

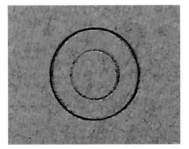

*1* 用模板尺画出宝石的外轮廓，然后按比例画出钻石的台面（比例见第5章的"刻面宝石切工的结构"）。

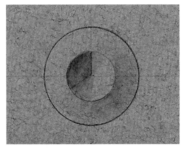

*2* 找到中心点，画出台面内的和外圈的暗色区。

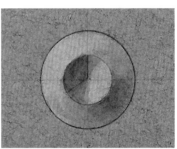

*3* 用白色画出外圈的和台面内的亮色区。

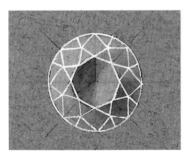

*4* 用细的白线勾出钻石的切割线。

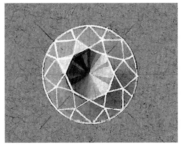

*5* 以钻石的圆锥底为圆心，向台面画发散的暗色区和亮色区，使其形成强烈对比。

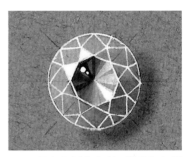

*6* 用白色画出高光，并用灰色画出阴影。

### 提示

本例的钻石切割线是复杂画法，80分以上的钻石建议这样画，如果钻石过小，只需将步骤4的绘制复杂切割线改为绘制简易切割线，并细化台面内部细节即可。

### 其他简单切割圆形钻石：

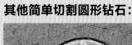

圆形切割钻石（简易切割线）

## 2. 公主方形钻石

| 工具 | 水粉笔、高克重康颂灰色卡纸、水粉颜料 |
| --- | --- |

**公主方形钻石效果图色板 ↓**

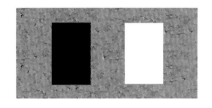

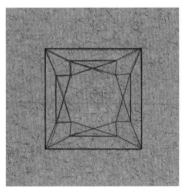

*1* 用铅笔画出公主方形钻石的切割线。

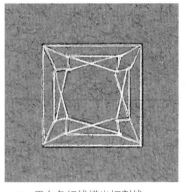

*2* 用白色细线描出切割线。

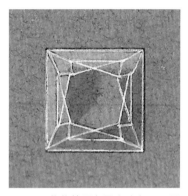

*3* 用薄薄的黑色画出暗色区，再用薄薄的白色画出亮色区。

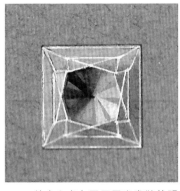

*4* 从中心点向四周画出发散的明暗区块，形成强烈对比。

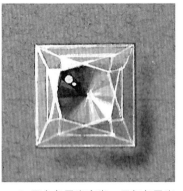

*5* 用白色画出高光，用灰色画出阴影。

**其他简易切割方形钻石：**

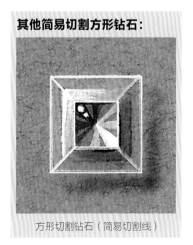

方形切割钻石（简易切割线）

### 3. 梨形钻石

| 工具 | 水粉笔、高克重康颂灰色卡纸、水粉颜料 |
|---|---|

**梨形钻石效果图色板** ↓

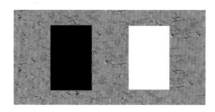

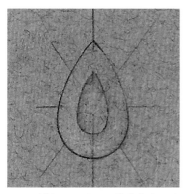

*1* 用模板尺画出宝石的外轮廓，并按比例画出钻石的台面。

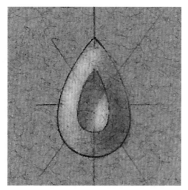

*2* 用薄薄的黑色画出暗色区，用薄薄的白色画出亮色区。

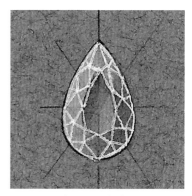

*3* 用白色画出切割线。

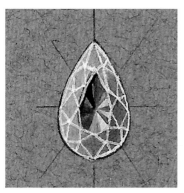

*4* 刻画台面内的细节，找到中心点，画出四周的明暗区块，形成强烈对比。

*5* 用白色点出高光，并用灰色画出阴影。

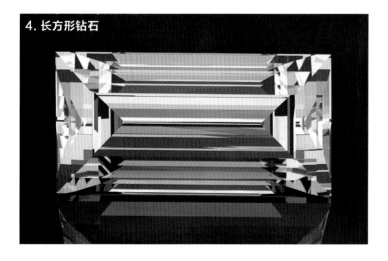

4. 长方形钻石

| 工具 | 水粉笔、高克重康颂灰色卡纸、水粉颜料 |
|---|---|

长方形钻石效果图色板 ↓

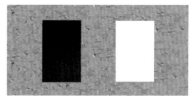

*1* 用模板尺画出宝石的外轮廓，并按比例画出钻石的台面。

*2* 按黑色画出台面内的暗色区。

*3* 用白色简单画出外圈和台面内的亮色区。

*4* 用黑色加深台面内的暗色区，用白色提亮外圈和台面内的亮色区。

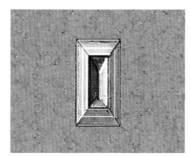

*5* 用细细的白线在外环勾出切割线。

*6* 用白色点出高光点。

*7* 用灰色画出阴影。

5. 三角形钻石

工具　水粉笔、高克重康颂灰色卡纸、水粉颜料

三角形钻石效果图色板 ↓

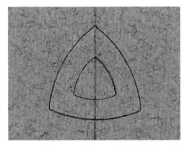

*1* 用模板尺画出宝石的外轮廓，并按比例画出钻石的台面。

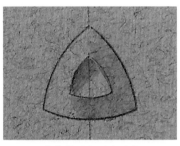

*2* 用薄薄的黑色画出暗色区。

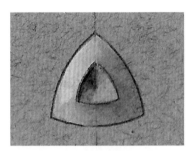

*3* 用薄薄的白色画出亮色区。

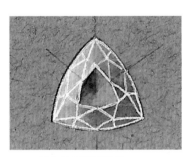

*4* 用白色画出切割线。

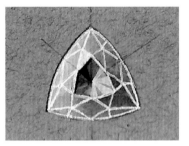

*5* 刻画台面内的细节，找到中心点，画出四周的明暗区块，形成强烈对比。

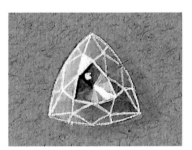

*6* 用白色点出高光，并用灰色画出阴影。

其他三角形钻石：

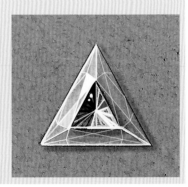

**6. 祖母绿形钻石**

| 工具 | 水粉笔、高克重康颂灰色卡纸、水粉颜料 |
| --- | --- |

祖母绿形钻石效果图色板 ↓

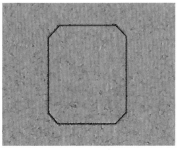

*1* 用模板尺画出宝石的外轮廓。

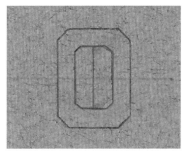

*2* 按比例画出钻石的台面。

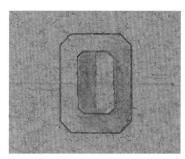

*3* 找到中心点，画出台面内的和外圈的暗色区。

*4* 用白色画出外圈的和台面内的亮色区。

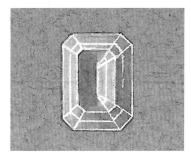

*5* 用白色画出切割线。

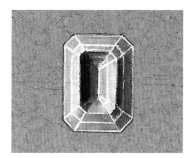

*6* 用纯黑色画出暗色区最暗的色块，用白色画出亮色区最亮的色块。

*7* 用白色画高光，并用灰色画出阴影。

**提示**

理论上来讲，祖母绿形刻面的台面比较宽大，所以会有明显的宽斜线形的高光。

## 7. 心形钻石

| 工具 | 水粉笔、高克重康颂灰色卡纸、水粉颜料 |
|---|---|

**心形钻石效果图色板 ↓**

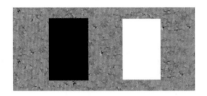

*1* 用模板尺画出宝石的外轮廓。

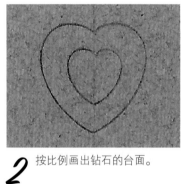

*2* 按比例画出钻石的台面。

*3* 找到中心点，画出台面内的和外圈的暗色区。

*4* 用白色画出外圈的和台面内的亮色区。

*5* 用白色画出切割线。

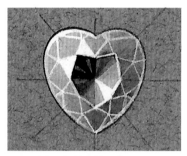

*6* 刻画台面内的细节，找到中心点，画出四周的明暗区块，形成强烈对比。

*7* 用白色画出高光，并用灰色画出阴影。

**其他简易水滴钻石：**

水滴钻石（简易切割线）

8. 马眼形钻石

| 工具 | 水粉笔、高克重康颂灰色卡纸、水粉颜料 |

马眼形钻石效果图色板 ↓

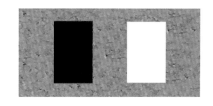

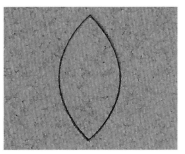

*1* 用模板尺画出宝石的外轮廓。

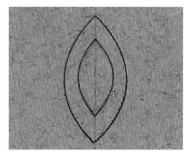

*2* 按比例画出钻石的台面。

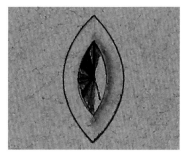

*3* 找到中心点，画出台面内的和外圈的暗色区。

*4* 用白色画出外圈的和台面内的亮色区。

*5* 以钻石的圆锥底为圆心，向台面画发散的暗色区和亮色区，使其形成强烈对比。

*6* 用细细的白线勾出宝石的切割线，并点出高光点。

*7* 用灰色画出阴影。

**简易切割的马眼形钻石：**

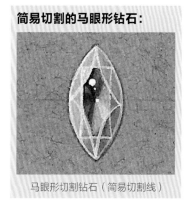

马眼形切割钻石（简易切割线）

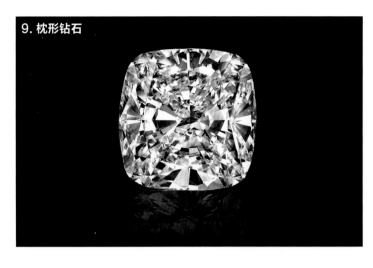

9. 枕形钻石

工具　水粉笔、高克重康颂灰色卡纸、水粉颜料

枕形钻石效果图色板 ↓

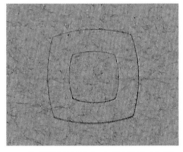

*1* 用模板尺画出宝石的外轮廓，并按比例画出钻石的台面。

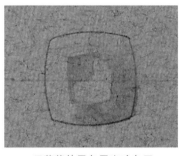

*2* 用薄薄的黑色画出暗色区。

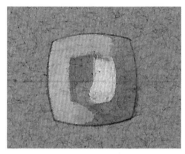

*3* 用薄薄的白色画出亮色区。

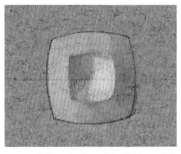

*4* 将薄黑和薄白进行晕染，形成自然过渡。

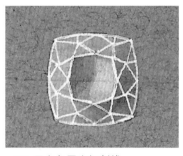

*5* 用白色画出切割线。

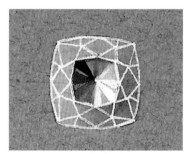

*6* 刻画台面内的细节，找到中心点，画出四周的明暗区块，形成强烈对比。

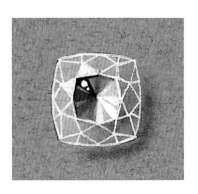

*7* 用白色点出高光，再用灰色画出阴影。

# 刻面石榴石

| 工具 | 水粉笔、高克重康颂灰色卡纸、水粉颜料 |

**石榴石效果图色板 ↓**

*1* 用模板尺画出宝石的外轮廓，并按比例勾画出台面。

*2* 用宝石的基础颜色画出暗色区。

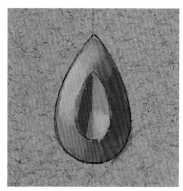

*3* 将基础色加白色，画出亮色区。

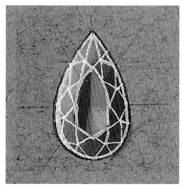

*4* 用白色画出切割线。

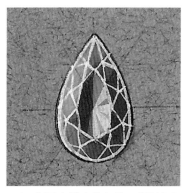

*5* 刻画台面内的细节，找到中心点，画出四周的明暗区块，形成强烈对比。

*6* 用白色点出高光，并用灰色画出阴影。

# 刻面红宝石

工具　水粉笔、高克重康颂灰色卡纸、水粉颜料

红宝石效果图色板 ↓

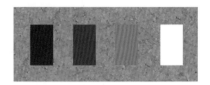

**1** 用模板尺画出宝石的外轮廓，并按比例画出钻石的台面。

**2** 用色板中的红色画出宝石的两个暗色区。

**3** 画出亮色区。

**4** 将亮色区和暗色区融合，并用白色画出台面内的亮色区。

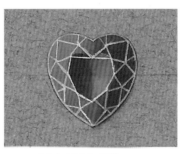

**5** 用白色画出切割线。

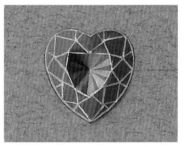

**6** 刻画台面内的细节，找到中心点，画出四周的明暗区块，形成强烈对比。

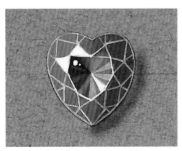

**7** 用白色点出高光，再用灰色画出阴影。

**其他刻面红宝石：**

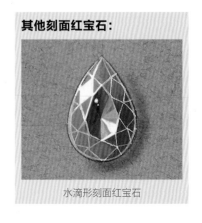

水滴形刻面红宝石

# 刻面紫色蓝宝石

| 工具 | 水粉笔、高克重康颂灰色卡纸、水粉颜料 |

**紫色蓝宝石效果图色板 ↓**

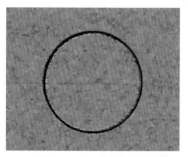

*1* 用模板尺画出宝石的外轮廓。

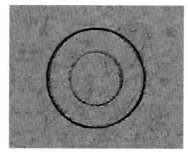

*2* 按比例画出宝石的台面。

*3* 用宝石的基础颜色画出暗色区。用紫色画出暗色区最暗的部分。

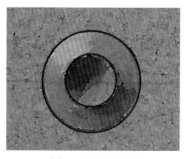

*4* 用浅色画出基础亮色区。

*5* 加深暗色区，提亮亮色区，使它们的颜色过渡自然。再用白色勾出镜面高光的斜线。

*6* 用白色画出切割线，提亮最高的切割面。然后点出高光点，并用灰色画出阴影。

## 其他刻面紫色蓝宝石：

梨形紫色蓝宝石

椭圆形紫色蓝宝石

# 刻面祖母绿

## 1. 祖母绿形切割宝石

| 工具 | 水粉笔、高克重康颂灰色卡纸、水粉颜料 |
|---|---|

**祖母绿效果图色板** ↓

*1* 用模板尺画出宝石的外轮廓，然后按比例画出台面，并轻轻勾出切割线。

*2* 用宝石的基础颜色画出暗色区。

*3* 用浅色画出基础亮色区，并将其与暗色区的颜色进行晕染，过渡要自然。

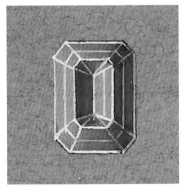

*4* 用白色画出切割线。

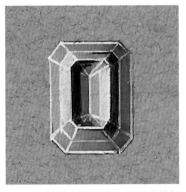

*5* 用深绿色画出暗色区最暗的部分，再用浅绿色画出亮色区最亮的部分。

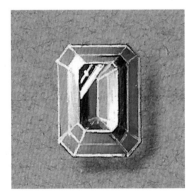

*6* 用白色画出镜面高光的斜线以及高光点，并用灰色画出阴影。

## 2. 圆形切割祖母绿

| 工具 | 水粉笔、高克重康颂灰色卡纸、水粉颜料 |
| --- | --- |

**祖母绿效果图色板 ↓**

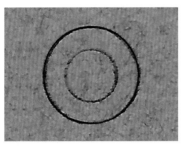

*1* 用模板尺画出宝石的外轮廓，并按比例画出钻石的台面。

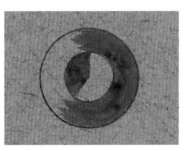

*2* 找到圆心，画出台面内的和外圈的暗色区。

*3* 用浅绿色画出外圈的和台面内的亮色区，并将其与暗色区颜色进行晕染，过渡要自然。

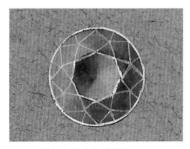

*4* 用白色画出切割线。

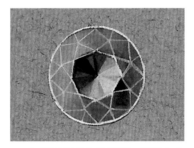

*5* 刻画台面内的细节，找到中心点，画出四周的明暗区块，形成强烈对比。

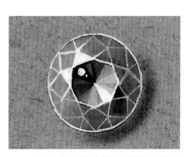

*6* 用白色点出高光，再用灰色画出阴影。

# 刻面海蓝宝石

| 工具 | 水粉笔、高克重康颂灰色卡纸、水粉颜料 |
| --- | --- |

**海蓝宝石效果图色板 ↓**

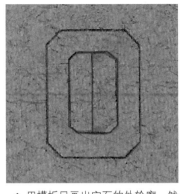

*1* 用模板尺画出宝石的外轮廓，然后按比例画出台面，并轻轻勾出切割线。

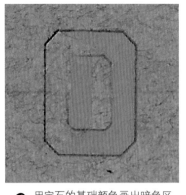

*2* 用宝石的基础颜色画出暗色区。

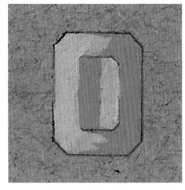

*3* 用基础颜色加白色，画出亮色区。

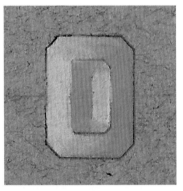

*4* 将步骤2和3的颜色晕染开，形成自然过渡。

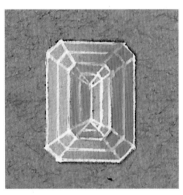

*5* 用白色画出切割线。

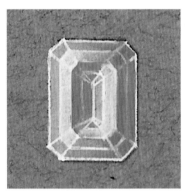

*6* 用比底色深的天蓝色画出暗色区最暗的色块，再用浅蓝色画出亮色区最亮的色块。

*7* 用白色画出镜面高光的斜线和高光点，并用灰色画出阴影。

**其他刻面切割海蓝宝石：**

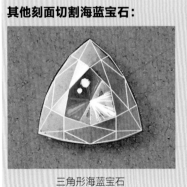
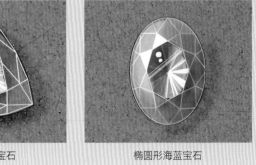

三角形海蓝宝石　　　　椭圆形海蓝宝石

# 刻面橄榄石

| 工具 | 水粉笔、高克重康颂灰色卡纸、水粉颜料 |

橄榄石效果图色板 ↓

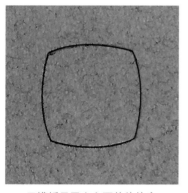

*1* 用模板尺画出宝石的外轮廓。

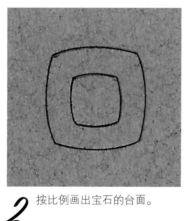

*2* 按比例画出宝石的台面。

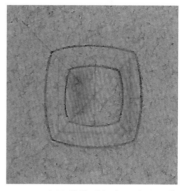

*3* 用宝石的基础颜色画出宝石的两个暗色区。

*4* 用浅绿色画出宝石的两个亮色区。

*5* 找到中心点，画出表现明和暗的放射状线条。

*6* 用白线勾出宝石的切割线后，画出高光点。可再重点勾勒几个小刻面，让宝石整体看起来更精细。

# 刻面沙弗莱石

| 工具 | 水粉笔、高克重康颂灰色卡纸、水粉颜料 |

沙弗莱石效果图色板 ↓

*1* 用模板尺画出宝石的外轮廓，并按比例画出宝石的台面。

*2* 用宝石本身的基础草绿色画出宝石的两个暗色区。

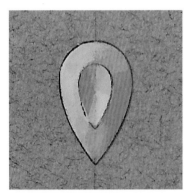

*3* 用底色加白色画出宝石的两个亮色区，并与步骤2的颜色晕染，形成自然过渡。

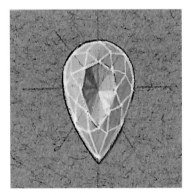

*4* 用白色画出切割线。

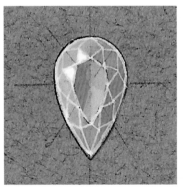

*5* 刻画台面内的细节，找到中心点，画出四周的明暗区块，形成强烈对比。

*6* 用白色点出高光，并用灰色画出阴影。

# 刻面黄色蓝宝石

## 1. 椭圆形刻面黄色蓝宝石

| 工具 | 水粉笔、高克重康颂灰色卡纸、水粉颜料 |
|---|---|

刻面黄色蓝宝石效果图色板 ↓

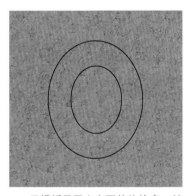

*1* 用模板尺画出宝石的外轮廓，并按比例画出台面。

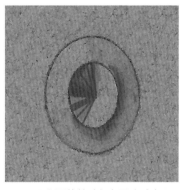

*2* 用宝石的基础颜色画出暗色区。然后用色板中的深色画出台面内的呈放射状线条的暗色。

*3* 用色板中的亮黄色画出宝石的亮色区。

*4* 以台面内的圆心为中心点，画出呈放射状线条的亮色。

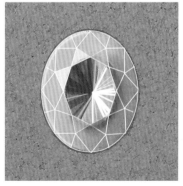

*5* 在上一步的基础上继续加深暗色区，并用细白线勾出宝石的切割面。然后把靠近宝石高光的一两个刻面提亮。

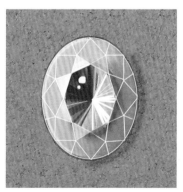

*6* 用白色点出高光点，并用灰色画出阴影。

## 2. 祖母绿形刻面黄晶

| 工具 | 水粉笔、高克重康颂灰色卡纸、水粉颜料 |
| --- | --- |

刻面黄晶效果图色板 ↓

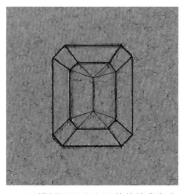

*1* 用模板尺画出宝石的外轮廓和台面，并简单勾出刻面辅助线。

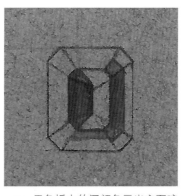

*2* 用色板中的深颜色画出宝石暗色区。

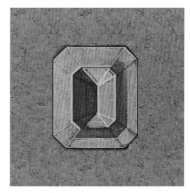

*3* 用基础黄色画出宝石的亮色区。

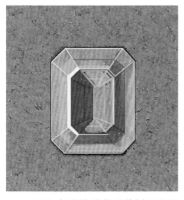

*4* 用白色和浅黄色继续刻画宝石的亮色区，并用白线勾出宝石的内轮廓。

*5* 按祖母绿形刻面宝石的切割规则用宽白线在外环勾出光源直射区和右下角的反光区。

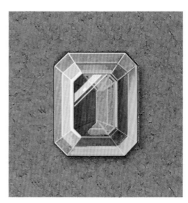

*6* 用白色勾出斜线高光，并用灰色画出阴影。

# 刻面蓝宝石

| 工具 | 水粉笔、高克重康颂灰色卡纸、水粉颜料 |
|---|---|

蓝宝石效果图色板 ↓

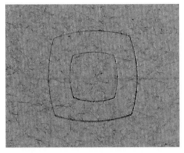

*1* 用模板尺画出宝石的外轮廓，并按比例画出宝石的台面。

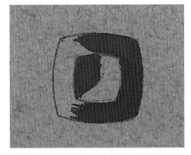

*2* 用色板中的蓝色画出宝石的两个暗色区。

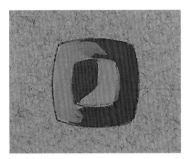

*3* 用浅蓝色画出宝石的两个亮色区。

*4* 将步骤2和3的颜色晕染，形成自然过渡。

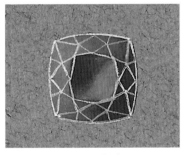

*5* 用白色画出切割线。

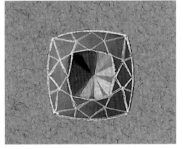

*6* 刻画台面内的细节，找到中心点，画出四周的明暗区块，形成强烈对比。

*7* 用白色点出高光，并用灰色画出阴影。

**其他刻面切割蓝宝石：**

圆形刻面蓝宝石

# 刻面粉色蓝宝石

| 工具 | 水粉笔、高克重康颂灰色卡纸、水粉颜料 |

粉色蓝宝石效果图色板 ↓

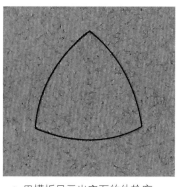

*1* 用模板尺画出宝石的外轮廓。

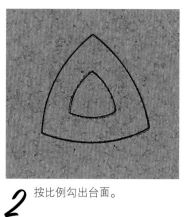

*2* 按比例勾出台面。

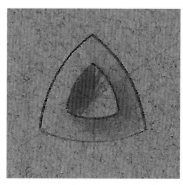

*3* 用宝石的基础颜色画出暗色区。

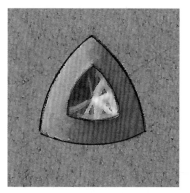

*4* 用粉色画出宝石的亮色区，并用白色提亮，然后以台面内的圆心为中心点，画出放射线条表现台面的明和暗。

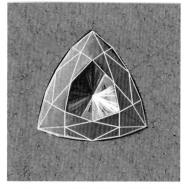

*5* 在上一步的基础上继续加深暗色区，并用白线勾出宝石的切割线。

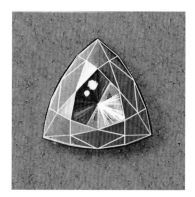

*6* 用白色点出高光，并用灰色勾出阴影。

# 刻面西瓜碧玺

| 工具 | 水粉笔、高克重康颂灰色卡纸、水粉颜料 |
| --- | --- |

**西瓜碧玺晶效果图色板 ↓**

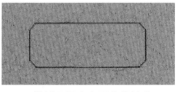

*1* 用模板尺画出宝石的外轮廓。

*2* 按比例画出宝石的台面。

*3* 分别用红色和绿色画出宝石的内台面。

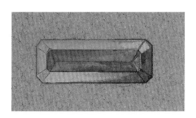

*4* 用加白的红色画出宝石的亮色区，用深绿色画出外环的暗色区。

*5* 继续深入刻画亮色区和暗色区。

*6* 深入的刻画宝石台面内的明和暗，并用细白线勾出宝石的结构。

*7* 用稀释的白色斜线勾出宝石的高光，使其呈现半透明感。

*8* 用灰色画出宝石的阴影。

# 刻面摩根石

| 工具 | 水粉笔、高克重康颂灰色卡纸、水粉颜料 |

摩根石效果图色板 ↓

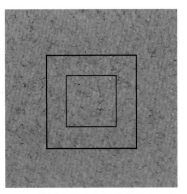

*1* 用模板尺画出宝石的外轮廓，并按比例画出台面。

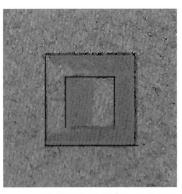

*2* 用摩根石的基础粉色画出宝石的暗色区。

*3* 用加了白色的粉色画出宝石的亮色区。

*4* 将暗色区和亮色区的颜料晕开，使过渡自然。

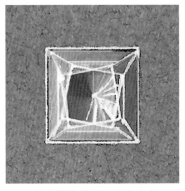

*5* 以台面内的圆心为中心点，画出台面的明暗的放射状线条。然后加深暗色区，并用白线勾出宝石的切割线。

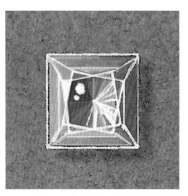

*6* 用稀释的白色画出高光，再用灰色勾出阴影。

# 珍珠彩色效果图绘画技巧

珍珠属于有机宝石，它不透明，呈圆珠形或异形。珍珠的光泽十分美丽，有伴彩和晕彩，所以在绘画的过程中，一定要把珍珠光泽表现出来。

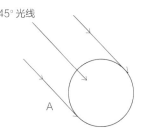

45°光线

A

如右图所示，当45°角的光源照射到珍珠上时，珍珠的球状轮廓特征会在表面形成圆形点状高光，即我们在图B中见到的淡紫色圆点。

我们可以想象宝石的不透明属性，使得光线在越过宝石最高点的时候受阻，形成了明暗交界线，即图B中右下角的半月形。明暗交界线背面的区域都是暗色区。

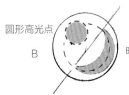

圆形高光点

B

明暗交界线
暗色区

即便是不透明介质，在明暗交界线之后，也要有一些反光区，而且珍珠的晕彩效果较强，所以反光区也很强，见图C效果。

C

珍珠（球状）阐述图

## 白色珍珠

| 工具 | 水粉笔、高克重康颂灰色卡纸、水粉颜料 |
| --- | --- |

**白色珍珠效果图色板 ↓**

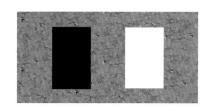

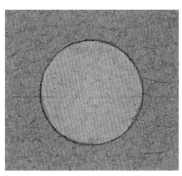

*1* 用铅笔画一个圆圈，用薄薄的白色涂满。

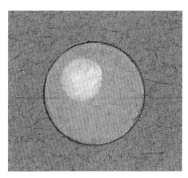

*2* 用稍浓的白色画出珍珠的亮色区。

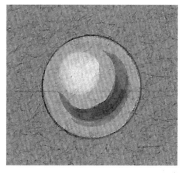

*3* 用薄薄的黑色画出珍珠的暗色区，呈现一个月牙形。

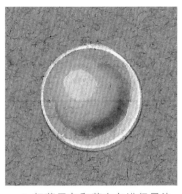

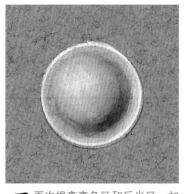

*4* 把薄黑色和薄白色进行晕染，形成自然过渡，然后薄白色出画右下角的反光区，用白色画出轮廓线。

*5* 再次提亮亮色区和反光区，加深暗色区。

*6* 用白色点出高光，并用灰色画出阴影。

## 金色珍珠

| 工具 | 水粉笔、高克重康颂灰色卡纸、水粉颜料 |
| --- | --- |

**金色珍珠效果图色板 ↓**

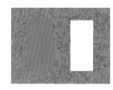

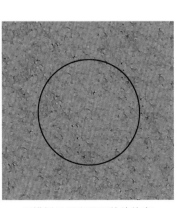

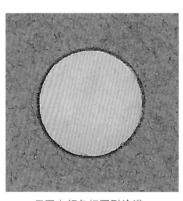

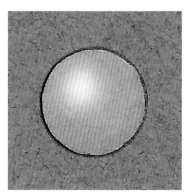

*1* 用模板尺画出宝石的外轮廓。

*2* 用图中颜色把圆形涂满。

*3* 用白色点出高光，并向基础色晕开，形成自然过渡。

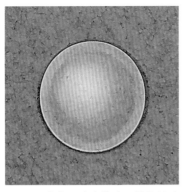

*4* 用白色画出内轮廓，并和基础金色晕开，使其混合一体。

*5* 继续提亮珍珠的高光区，点出高光。加深明暗交界线，提亮反光区，并在反光区点出一两颗反光点。

*6* 用灰色勾出阴影。

## 孔雀绿黑珍珠

| 工具 | 水粉笔、高克重康颂灰色卡纸、水粉颜料 |
| --- | --- |

**黑色珍珠效果图色板** ↓

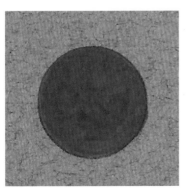

*1* 用铅笔画一个圆圈，用绿色涂满圆形内部。

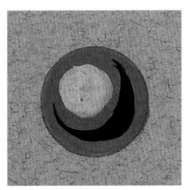

*2* 用浅绿色画出亮色区，用黑色画出暗色区。

*3* 笔沥干，把步骤2的两个颜色晕染开，然后用白色勾画内轮廓线，并画出反光区。

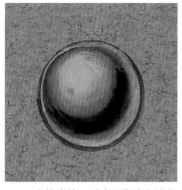
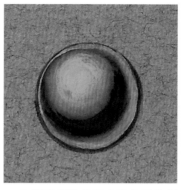

*4* 内轮廓线、反光区和底色进行晕染，并再次提亮亮色区，加深暗色区。

*5* 调出紫粉色画在暗色区的黑色区。

*6* 用白色画出高光点和暗色区内的反光点，并用灰色画出阴影。

# 粉色珍珠

| 工具 | 水粉笔、高克重康颂灰色卡纸、水粉颜料 |

**粉色珍珠效果图色板 ↓**

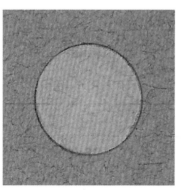
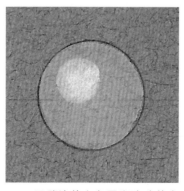
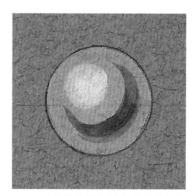

*1* 用铅笔画一个圆形，用薄薄的白色涂满圆形内部。

*2* 用稍浓的白色画出珍珠的亮色区。

*3* 用薄薄的黑色画出珍珠的暗色区，这个区域呈现月牙形。

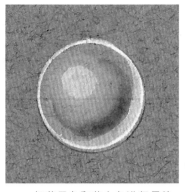 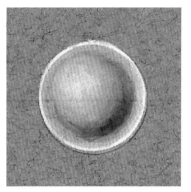 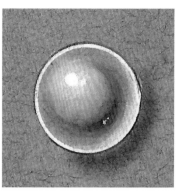

*4* 把薄黑色和薄白色进行晕染，形成自然过渡，然后用薄白色画出右下角的反光区，用白色画出轮廓线。

*5* 再次提亮亮色区和反光区，加深暗色区。

*6* 用薄薄的粉色叠加在暗色区上，并晕染，最后用白色点出高光。

# 异形珍珠

异形珍珠的画法和调色方法均与圆形珍珠相同，只是高光和明暗区都会随着轮廓的变化而变化，请看本示例。

## 不同颜色异形珍珠

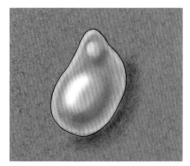  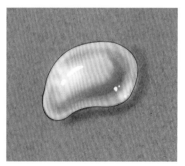

异形粉珍珠　　　　　异形黑珍珠　　　　　异形金色珍珠

# 宝石手绘课后练习

用硫酸纸将下面的宝石项链拷贝到深色卡纸上。请尝试根据本章所学所有彩色宝石、钻石和珍珠的画法，在不考虑镶嵌方式的情况下，根据自己设计搭配，完成下面的彩色手绘效果图。

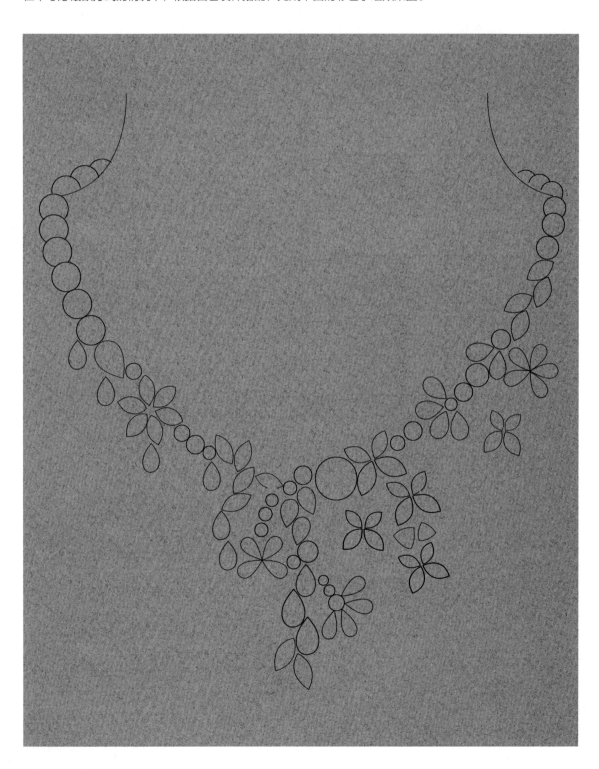

# 第 7 章

# 珠宝设计手绘图实例
# 详解与赏析

# 戒指

## 开口钻石戒指

*1* 先画出戒指的俯视图，按照三视图原理，接连在俯视图下方画出侧视图和正视图。

*2* 用白色勾勒草稿，然后分别画出两颗宝石的暗色区，两颗宝石的围石我们用淡淡的颜色平涂，再把戒指的金属部分的暗色区用薄黑色画出来。

*3* 用白色勾出3个视图的轮廓线，以及祖母绿形切割白钻的切割线和围钻。然后用薄白色画出金属的亮色区。

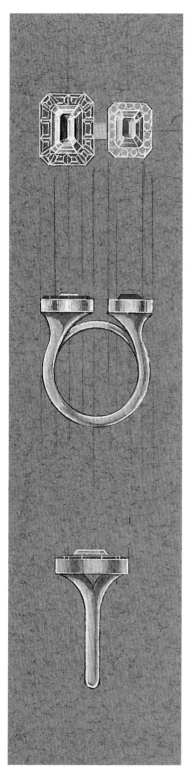

*4* 用白色画出3个视角的祖母绿的切割线和左侧祖母绿围石的切割线。加深金属的暗色区，用薄白色继续提亮金属的亮色区。详细刻画两颗祖母绿切割宝石。

*5* 深入刻画两颗宝石的围石，用白色画出围石的亮色区的高光、两颗宝石的高光，以及金属的高光，最后用黑色细线勾出整幅画面里所有的最暗色区。

*6* 调整画面，完善不足之处，最后用灰色画出阴影。

## 蝴蝶结戒指

　　这是一枚全钻戒指。在绘画的过程中，要注意光线对钻石的影响、大面积镶嵌钻石的细节刻画，以及最后整体画面的干净、整洁。尤其是中间那一颗满钻球形中体，注意它的立体感的表现。

*1* 按照透视规则，用铅笔画出戒指的草稿。

*2* 用薄黑色和薄白色画出金属的明暗关系，用深蓝色和浅蓝色画出刻面宝石的明暗关系。

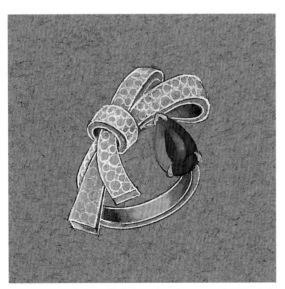

*3* 用白色勾出整枚戒指，并画出配石，这里要注意透视关系，配钻会随丝带的形态走势而从圆形变为椭圆形。把蓝宝石的浅蓝色和深蓝色进行晕染，形成自然过渡。

*4* 用黑色加深金属的暗色区。用白色勾出蓝宝石的切割线。

*5* 用简易切割线画法画出每一颗配钻的切割线，并点出亮色区的配钻的高光。同时画出蓝宝石和金属的高光。

## 其他颜色

  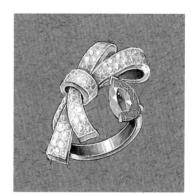

**材质**　18K白金、钻石

# 珍珠戒指

*1* 按照透视规则，用铅笔画出戒指的草稿。

*2* 用薄白色将珍珠按轮廓涂满，然后用薄黑色和薄白色画出金属的明暗关系。

*3* 用白色勾出整枚戒指的轮廓，用薄黑色继续加深暗色区，并晕开。再用薄黑色画出白钻的暗色区。

*4* 用白色画出配钻，并用薄白色提亮金属的亮色区。

*5* 用简易切割线画法画出配钻的切割线，再用薄黑色加深珍珠的暗色区。

*6* 用白色画出配钻的高光、珍珠的反光点和金属的高光线。

**其他颜色珍珠戒指：**

| 材质 | 18K白金、大溪地黑珍珠、蓝宝石、钻石 |
|---|---|

| 材质 | 18K白金、钻石、白珍珠 |
|---|---|

# 蛇形戒指

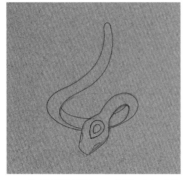

*1* 按照透视规则，用铅笔画出戒指的草稿。

*2* 用金色的基础色把轮廓涂满，用棕色画出戒指的暗色区，然后用暗红色画出宝石的暗色区。

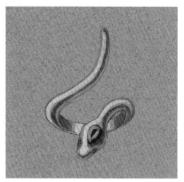

*3* 用柠檬黄色画出戒指的亮色区，用红宝石的亮色画出红宝石的亮色区，然后用绿色把眼睛的祖母绿区域涂满。

*4* 用干净、湿润的笔把戒指的暗色区和亮色区的颜色自然地过渡到一起。

*5* 继续加深戒指的暗色区，提亮亮色区，用细浅黄线画出蛇形戒指的纹理。

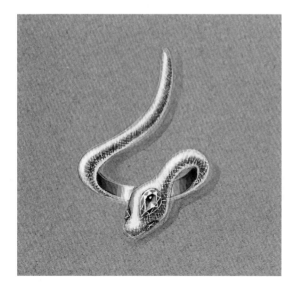

| 材质 | 18K黄金、红宝石、祖母绿 |
|---|---|

*6* 用深色细线画出蛇纹的暗色部分。画出红宝石的细节，再画出高光点。最后画出阴影。

# 紫晶戒指

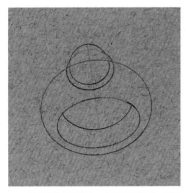

*1* 按照透视规则，用铅笔画出戒指的草稿。

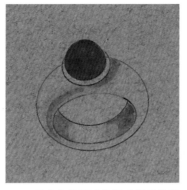

*2* 用金色的基础色把戒指的轮廓内涂满，然后用黑色画出戒指的暗色区的颜色，用紫色涂满宝石。

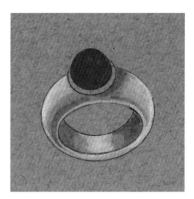

*3* 画出戒指的亮色区，深入刻画宝石的细节。

*4* 提亮戒指的亮色区，画出宝石的高光。

*5* 用细线条整理戒指的内外轮廓线，并画出戒指的高光线。

*6* 完善其他不足之处，用灰色画出戒指的阴影，完成绘制。

| 材质 | 18K白金、18K黄金、钻石、紫晶 |
| --- | --- |

**其他款式紫晶戒指：**

# 欧泊戒指

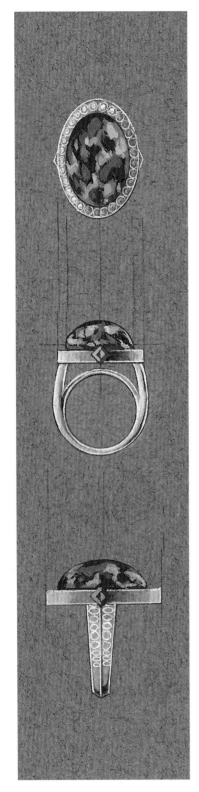

**材质**　18K白金、欧泊、蓝宝石、祖母绿、钻石

# 项链

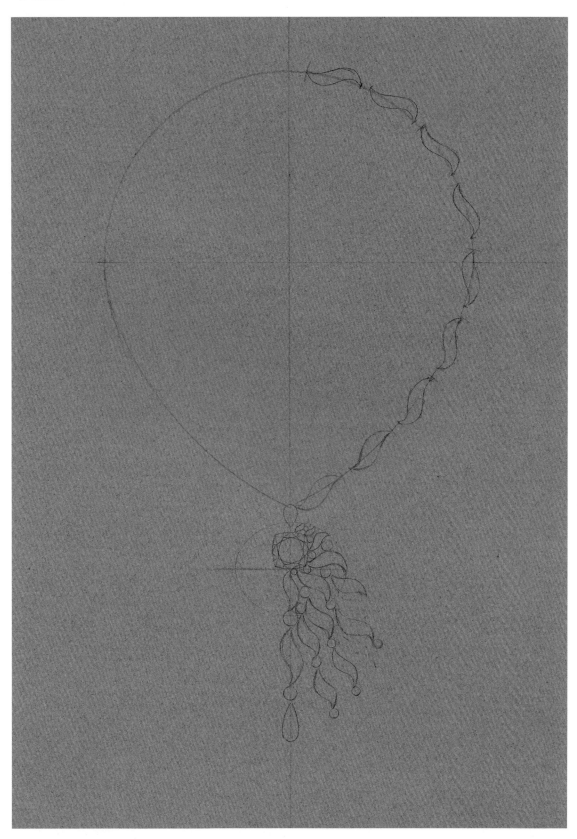

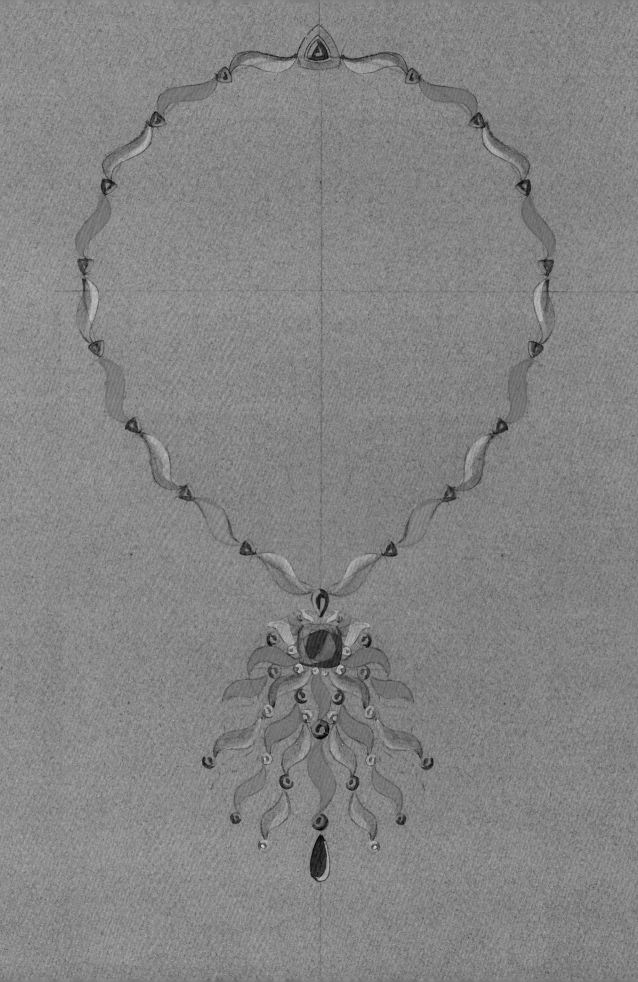

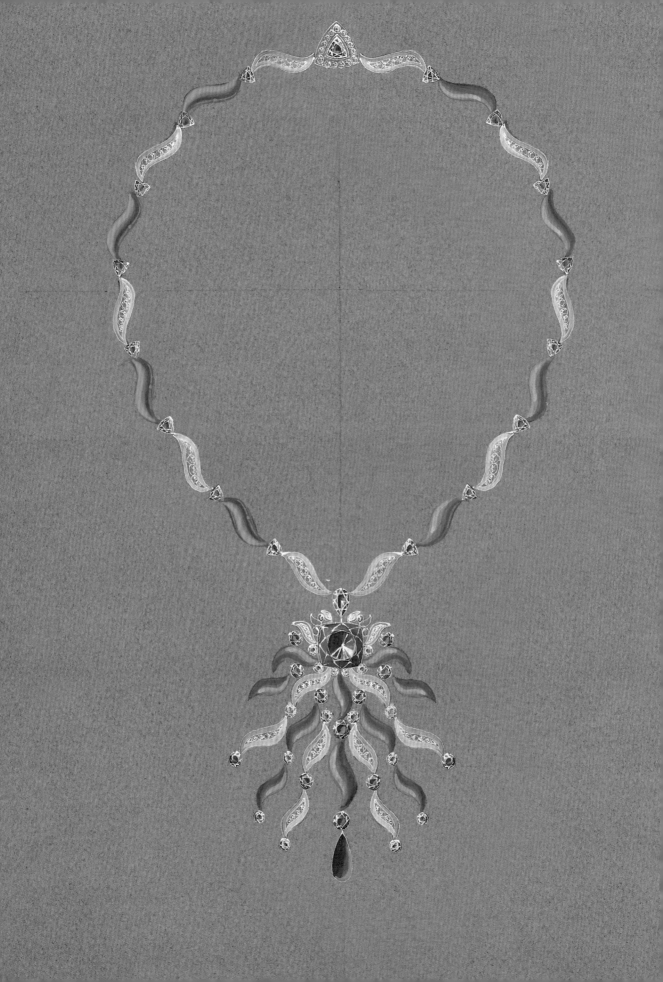

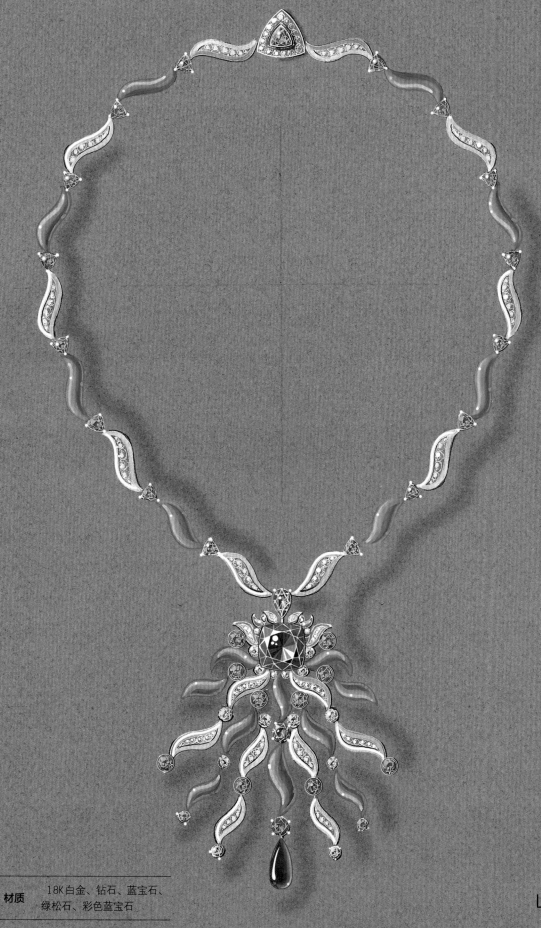

**材质**　18K白金、钻石、蓝宝石、
绿松石、彩色蓝宝石

1 cm

# 彩色宝石项链

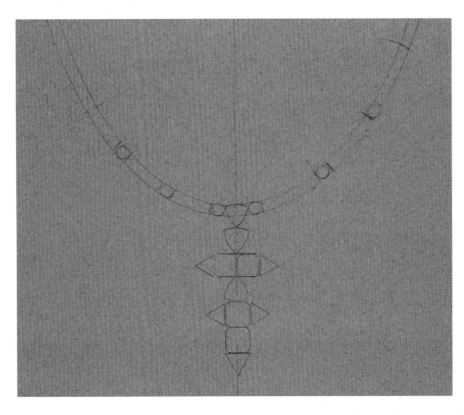

1 铅笔打稿画出项链的轮廓，对称的部分可以用硫酸纸拷贝拓印到另一侧。

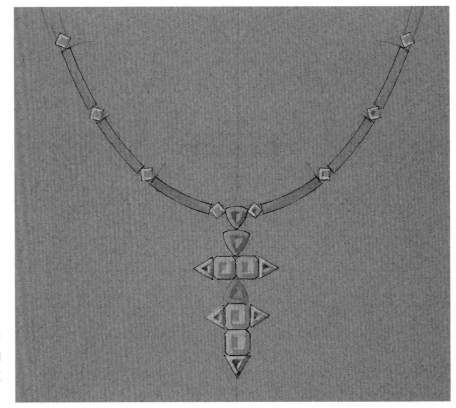

2 画出每颗宝石的明暗色调，让它们看起来立体生动。项链部分画出底色。

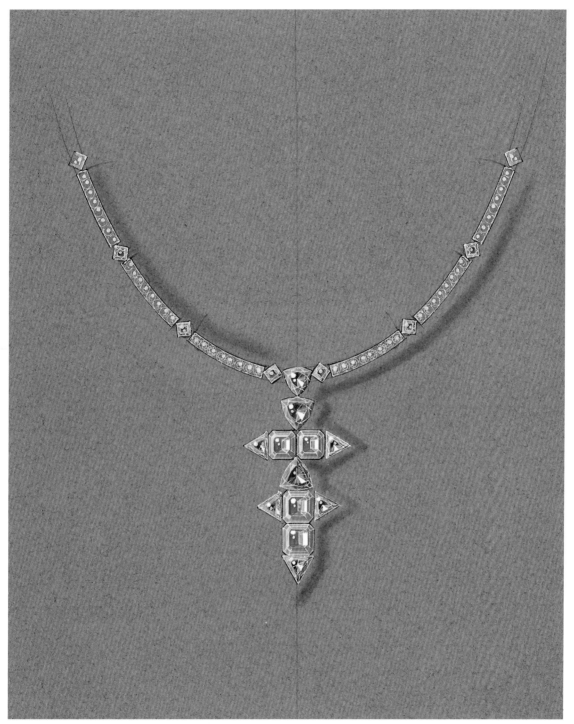

*3* 深入地刻画每一颗宝石的细节，包括链上嵌镶的小钻石。分别画出它们的切割线，最后用白色整体画出它们的高光。规范轮廓线后，画出项链的阴影。

---

**材质**　18K白金、钻石、paraiba碧玺、彩色蓝宝石

祖母绿项链《兰花开》

# 耳坠

## 不对称小花儿耳钉

*1* 用铅笔按透视规则，画出草稿。

*2* 用黑色画出整个画面的暗色区，包括花蕊中心的钻石的暗色区。

*3* 用白色细线勾出整个耳环的轮廓，并把镶嵌的钻石一颗一颗勾出来。

*4* 用白色细线勾出每一颗钻石的切割线。

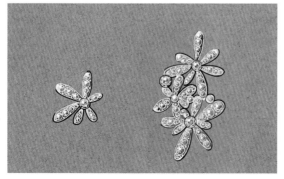

*5* 用黑色细线勾出耳环的外轮廓线，并用白色点出钻石的高光。

*6* 调整画面，整理细节。

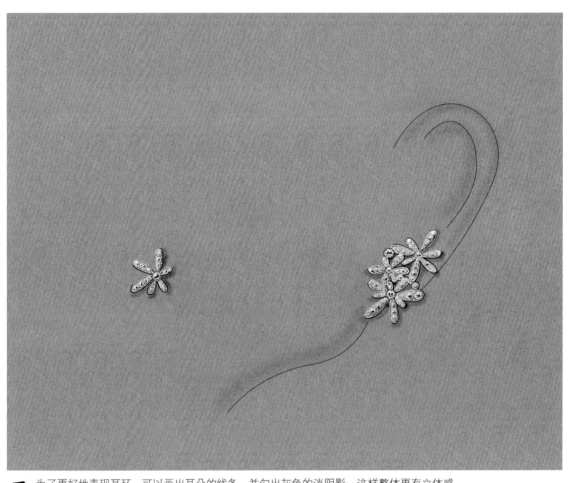

7 为了更好地表现耳环，可以画出耳朵的线条，并勾出灰色的淡阴影，这样整体更有立体感。

材质　18K白金、钻石

# 祖母绿耳坠

用铅笔按照设计理念画出底稿后，用深色画出每一颗马眼形钻石的暗色区。用之前所学的祖母绿的画法，画出祖母绿的暗色区和亮色区。

深入的刻画祖母绿的细节，包括它的切割线和台面内的明暗分布等。再细致刻画每一颗马眼钻石，画出它们的亮色区和白色的切割线。用深色线条整理耳坠的外轮廓线，最后用白色画出每一颗宝石的高光。

| 材质 | 18K白金、钻石、祖母绿宝石 |
| --- | --- |

# 红宝石中国亭院耳坠

用铅笔按照设计理念画出底稿后，用薄黑色画出所有白钻的暗色区，用黄色平涂所有黄钻的区域，用红色平涂红宝石串珠的位置。

画出所有宝石的亮色区，再与暗色区颜色进行晕染。用白色画出切割线，然后深入刻画比较重要的正面朝前的几颗宝石。红宝石的珠串要深入刻画中心的最突出的那一串，其高光也会比两侧珠串的高光亮，这样可以增加层次感。

| 材质 | 18K黄金、18K白金、钻石、红宝石、紫色蓝宝石 |
| --- | --- |

# 紫晶黑金耳坠

用铅笔按照设计理念画出底稿后，用深灰色作为底色画出金属部分。用之前所学的紫色宝石的画法，画出紫晶的暗色区和亮色区。

　　深入刻画刻面紫晶的细节，画出它的切割线和台面内的明暗分布等。再深入地刻画每一颗钻石，画出它们的亮色区和白色的细致的切割线。用深色线条整理耳坠的外轮廓线，用白色画出每一颗宝石的高光，最后用灰色画出阴影。

| 材质 | 18K黑金、钻石、紫色蓝宝石 |
| --- | --- |

# 手镯/手链

## 彩色宝石镯子

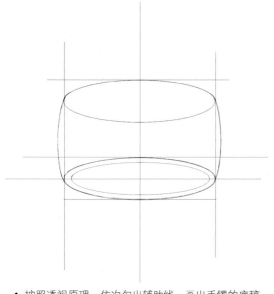

*1* 按照透视原理，依次勾出辅助线，画出手镯的底稿。

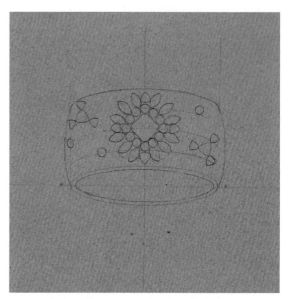

*2* 同样按照透视原理，画出镯子上镶嵌的宝石。

*3* 先用平涂的方法画出金色镯子的基础色，冉画出镯子内壁的暗色。然后分别画出每一颗宝石的暗色区，同颜色的宝石可以一起完成。

*4* 画出镯子的亮色区和镯子内壁的亮色区，然后分别画出宝石的亮色部分。

*5* 继续提亮镯子的亮色，并深入刻画镯子的反光区和镯子的内壁。在上一步的基础上，继续改善宝石的细节，使暗色区和亮色区自然地融合，尤其是正中心的红宝石。

*6* 用细细的白线勾出每一颗宝石的轮廓和切割线。

*7* 用白色点出每一颗宝石的高光。用深色细线规范宝石的外轮廓。继续提亮镯子的亮色区、反光区和镯子的内壁。

*8* 用勾线笔进一步深入刻画细节，用金色的高光色画出镯子的高光线和反光线。用深色细线条清晰勾出镯子的轮廓线和内壁的轮廓线。

*9* 用深色颜料勾出每一颗宝石在镯子上的阴影，最后用灰色画出镯子的整体阴影。

**材质**　18K黄金、钻石、红宝石、粉色蓝宝石、沙弗莱石

# 彩色宝石手链

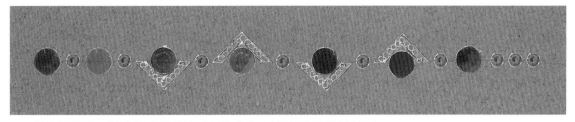

　　铅笔打稿后，分别画出每颗彩色宝石的底色，然后用深色画出钻石部分的暗色区。

　　深入刻画每一颗彩色宝石，加深暗色区，提亮反光区。画出每一颗钻石的切割线。用白色画出每一颗宝石的高光，规范轮廓线，用灰色画出手链的阴影。

| 材质 | K白金、钻石、海蓝宝石、彩色蓝宝石、红宝石 |
|---|---|

# 红宝石手链

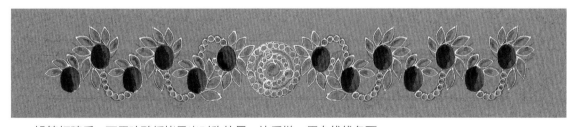

　　铅笔打稿后，可用硫酸纸拷贝出对称的另一边手链。用白线线条画出所有钻石轮廓后，用深色画出每颗钻石的暗色区。然后画出红宝石的基础明暗色调。

　　深入刻画每一颗红宝石，提亮反光区，使宝石更生动。仔细刻画每一颗钻石，画出切割线和外轮廓线。最后点出所有高光，画出阴影。

| 材质 | 18K白金、钻石、红宝石 |
|---|---|

# 胸针

## 海马胸针

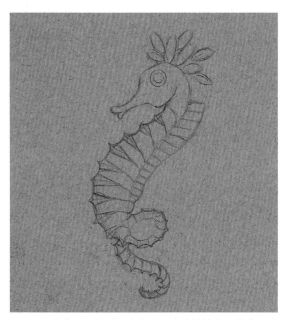

*1* 用铅笔按透视规则画出底稿。底稿的线条要精准，这样上色后的效果图才会准确。

*2* 确定海马胸针的每个部分分别用什么宝石后，画出所有部分的暗色区，然后用蓝色涂满图中的蓝宝石部分。

*3* 画出每颗蓝宝石的亮色区，并让其与暗色区自然融合。画出黄色群镶小钻石，注意透视，并用细白线勾出它们的外轮廓线。然后画出鳍部分每颗钻石的暗色区。

*4* 画出所有群镶的钻石，再用细白线画出海马背鳍部分钻石的刻面线。

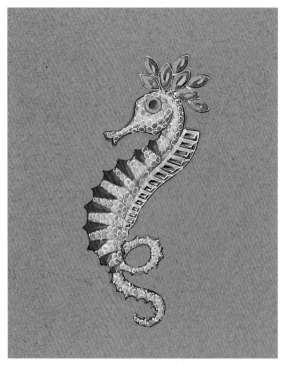

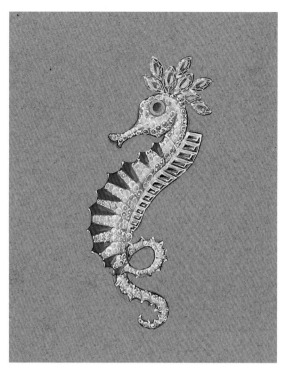

*5* 继续提亮整个画面的亮色区，然后分别画出头部和鳍部钻石的亮色区。

*6* 仔细深入刻画胸针的各个细节，分别用白线和黑线整理轮廓，并画出钻石的切割线。

*7* 分别画出海马头顶的钻石、眼睛上的蓝宝石、身上的青金石和鳍部钻石的高光，再提亮整体画面的亮色区的高光，最后画出阴影。

**材质** 18K白金、钻石、黄色钻石、蓝宝石、青金石

## 麦穗胸针

*1* 用铅笔按透视规则画出底稿。底稿的线条要精准，这样上色后的效果才会准确。然后用白色在底稿基础上描轮廓线。

*2* 用黑色画出金属边的暗色区，用白色画出配钻。按照之前学习的方法，画出每一颗宝石的明暗关系。

*3* 用白色画出每一颗宝石的切割线后，再分别加深宝石的暗色区，并提亮亮色区。

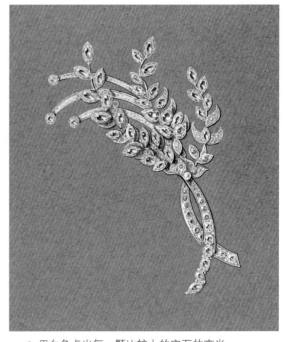

*4* 用白色点出每一颗比较大的宝石的高光。

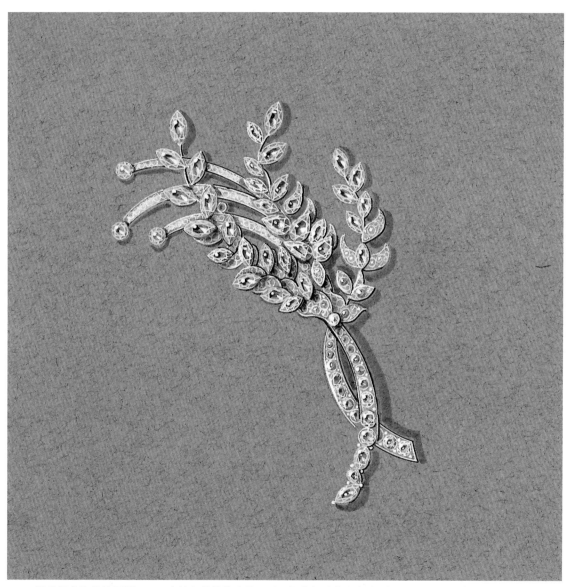

*5* 继续调整和修饰画面，用黑白线条修饰轮廓线，以及每个部分的高光线 / 点，最后画出阴影，完成图纸。

**材质**　　18K白金、白色钻石、黄色钻石

# 袖扣

## Sugar-loaf蓝宝石袖扣

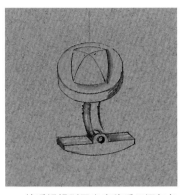

*1* 按透视规则画出底稿后用深灰色画出金属的暗色区。

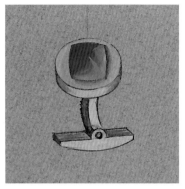

*2* 画出金属的亮色区，并与暗色区自然融合。按之前所学画出蓝宝石。

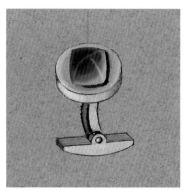

*3* 自然融合金属的明暗区域，呈现柔和的中间色调，继续深入刻画蓝宝石。

*4* 用白色线条勾出袖扣的金属部分和蓝宝石的高光线。整理外轮廓线。

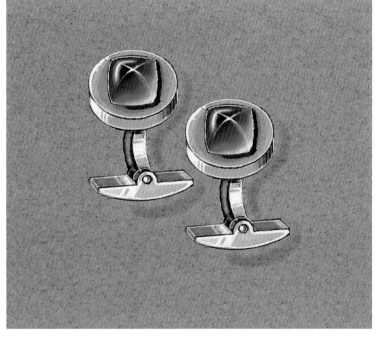

*5* 修整细节，使画面更立体。

**材质**　18K白金、蓝宝石

# 手表

## 镶钻羽毛手表

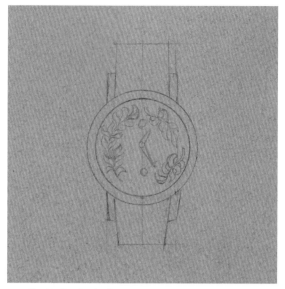

*1* 按透视规则用铅笔画出底稿。底稿的线条要精准，这样上色后的效果图才会准确。

*2* 按照设计需求画出第一层的底色。

*3* 画出表盘中镶钻区的钻石轮廓，然后画出表带的纹理结构。

*4* 画出表盘上每颗钻石的切割线和外轮廓，以及表针的轮廓线。用粉色颜料继续深入刻画表带的纹理，最后用白色勾出宝石的高光点和表盘的高光线等一系列小细节。

## 全钻手镯表

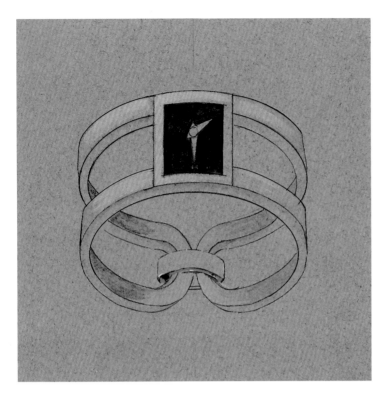

*1* 按透视规则画出底稿，并用黑色颜料涂满表盘，预留出表针的位置。用深色画出手镯部分的暗色区，使整体画面协调一致。

*2* 画出整个手镯表上的钻石轮廓，再深入刻画每颗钻石的细节。仔细画出镯子内壁的明暗关系。整理手表的轮廓线，最后画出所有高光。

# 绢带手表

## 蝴蝶结全钻手表

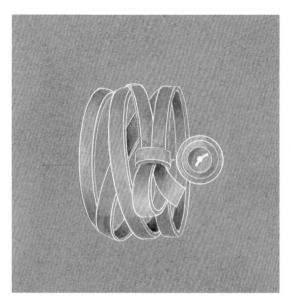
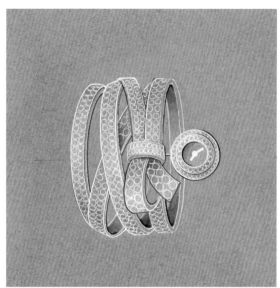

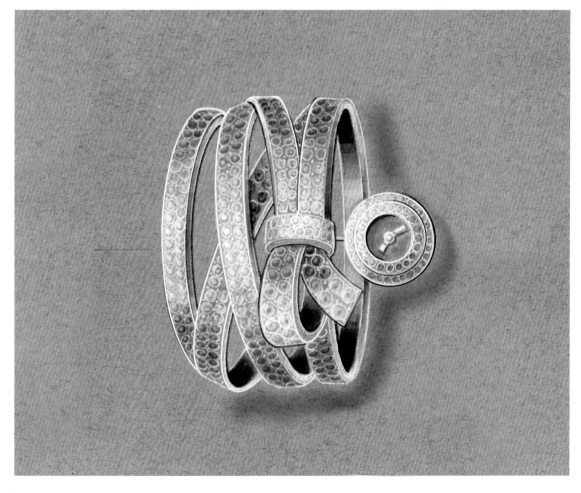

# 彩色宝石手表

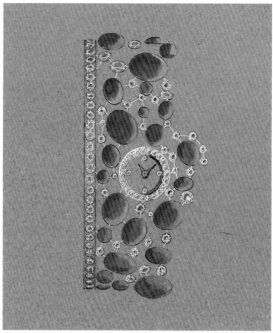

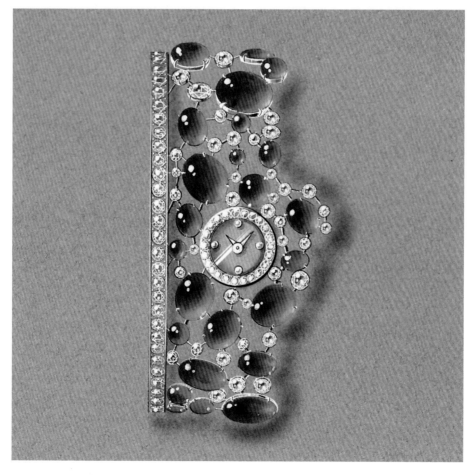

作品欣赏

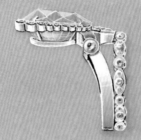

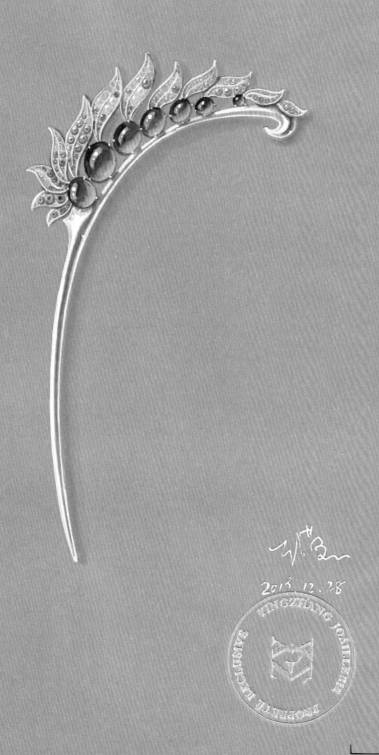

1cm

1 cm

Ying. Z

1 cm

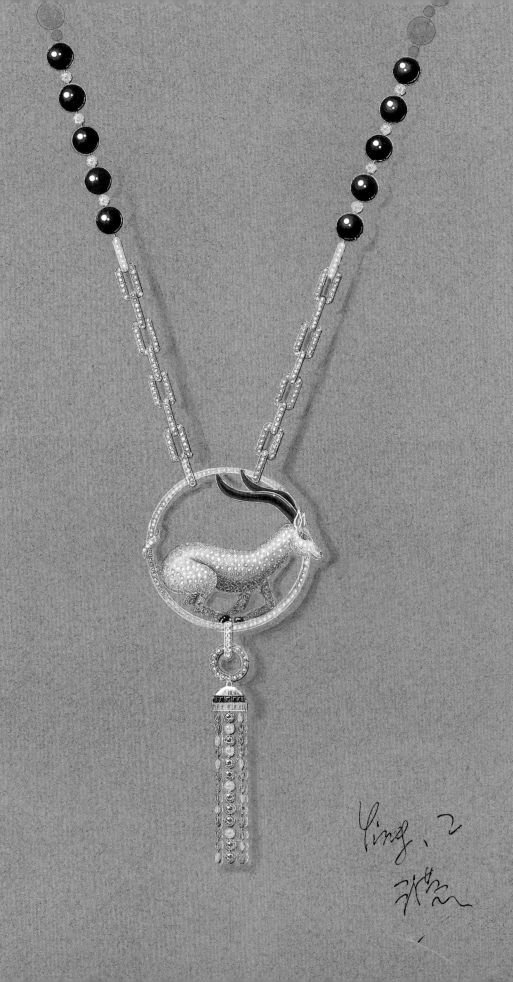